U0828840

机械制图及计算机绘图习题集

（第二版）

主　　编　姜明珠
副主编　胡　蓉　姜海燕　刘　旭　楼倩倩
　　　　潘立业　王　芸　吴卫萍

华中科技大学出版社
中国·武汉

内 容 简 介

本习题集根据教育部高等学校工程图学课程教学指导委员会和现行的国家标准，结合作者多年的教学经验编写而成，主要内容包括平面绘图、基本立体的投影、基本立体的截切与相贯、组合体、机件常用的表达方法、标准件和常用件、零件图、装配图及计算机绘图等。

图书在版编目(CIP)数据

机械制图及计算机绘图习题集/姜明珠主编. —2 版. —武汉：华中科技大学出版社，2022.7
ISBN 978-7-5680-8486-4

Ⅰ. ①机… Ⅱ. ①姜… Ⅲ. ①机械制图-习题集 ②机械制图-计算机制图-习题集 Ⅳ. ①TH126-44

中国版本图书馆 CIP 数据核字(2022)第 113287 号

机械制图及计算机绘图习题集(第二版) 姜明珠 主编
Jixie Zhitu ji Jisuanji Huitu Xitiji(Di-er Ban)

策划编辑：余伯仲
责任编辑：刘 飞
封面设计：廖亚萍
责任监印：周治超
出版发行：华中科技大学出版社(中国·武汉) 电话：(027)81321913
武汉市东湖新技术开发区华工科技园 邮编：430223
录 排：武汉三月禾文化传播有限公司
印 刷：武汉开心印印刷有限公司
开 本：787mm×1092mm 1/16
印 张：12.5
字 数：150 千字
版 次：2022 年 7 月第 2 版第 1 次印刷
定 价：39.50 元

华中出版

前　　言

本习题集根据教育部高等学校工程图学课程教学指导委员会和现行的国家标准，结合作者多年的教学经验编写而成。本习题集中的习题由易到难，逐层深入，可加强对读者空间思维能力的训练，并提高读者的绘图及读图能力。本习题集适合高职高专等院校机械类、机电类、近机类各专业的学生学习和练习时使用。

编　　者

2022年3月

目　　录

1-1 字体练习。

机 械 制 图 标 准 序 号 名 称 件 数 设 计

材 料 比 例 日 期 技 术 要 求 旋 转 轴 承

箱 体 审 核 工 程 公 差 描 图 备 注 专 业 用 仿 宋 体 班 级 姓 名 电 子 科 技 大 学

1-2　完成图中左右对称的各种图线。

1-3　以交点为圆心，过其线上标示出的四个位置，由大到小依次用粗实线、点画线、虚线、细实线画圆。

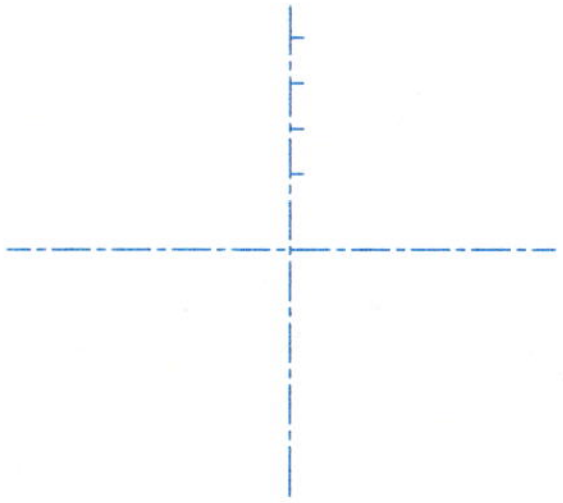

1-4　注出下列各图形的尺寸（数值按图中量取，取整数）。

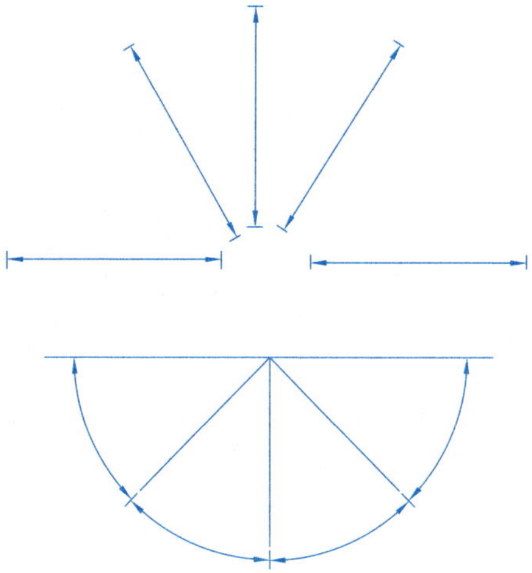

1-5　填写图中尺寸（数值按图中量取，取整数）。

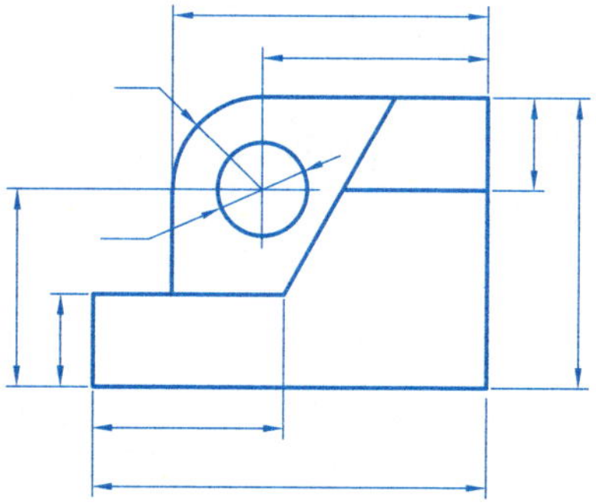

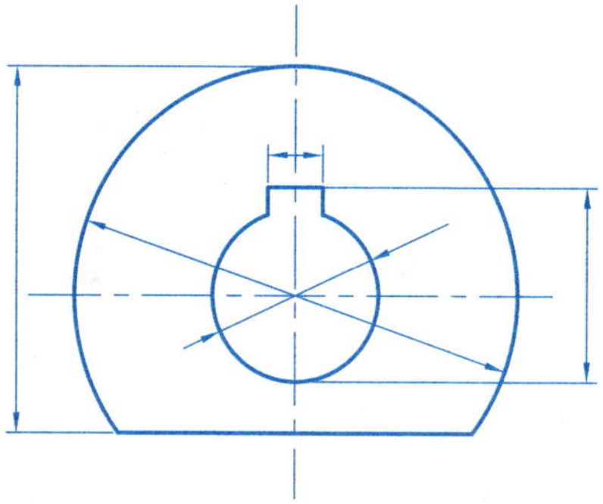

1-6　参照所示图形，以1∶2的比例在指定位置处画出图形，并标注尺寸。

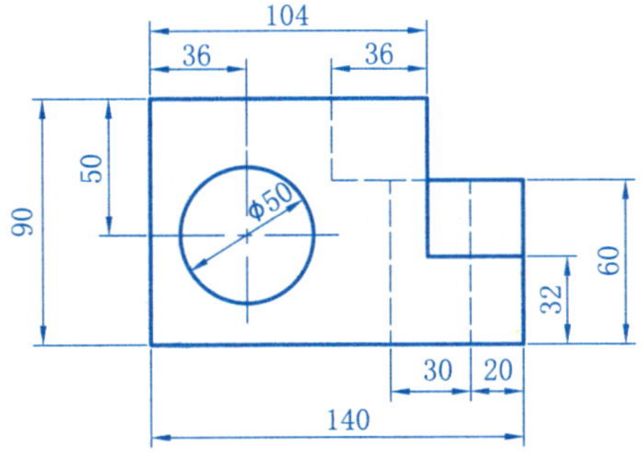

1-7　参照所示图形，以1∶1的比例在指定位置处画出图形，并标注尺寸。

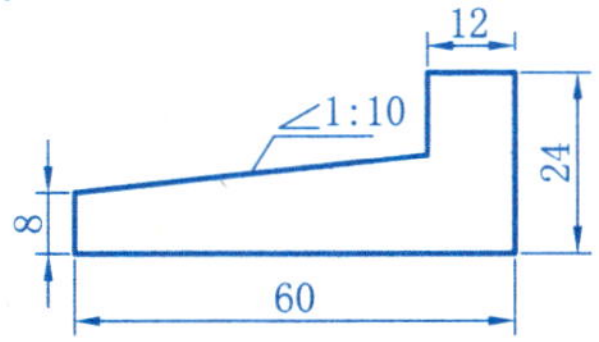

1-8　参照所示图形，以1∶1的比例在指定位置处画出图形。

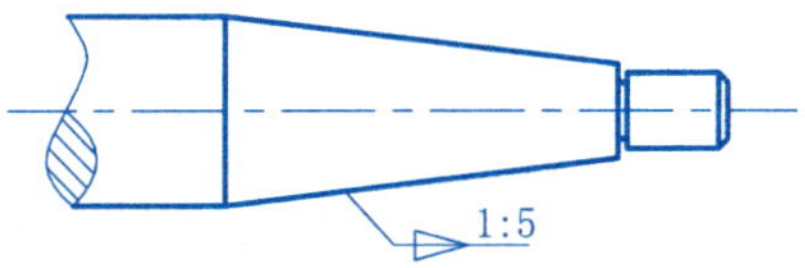

1-9　根据小图尺寸按1：1的比例完成大图的线段连接。

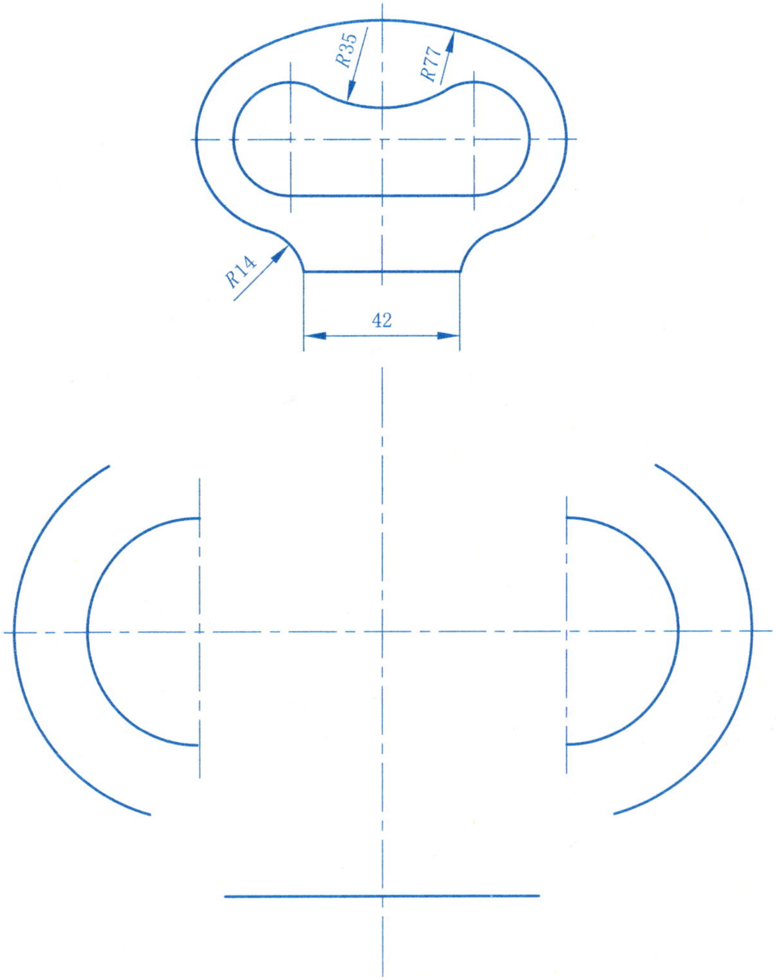

1-10　根据小图尺寸按1：1的比例完成大图的线段连接。

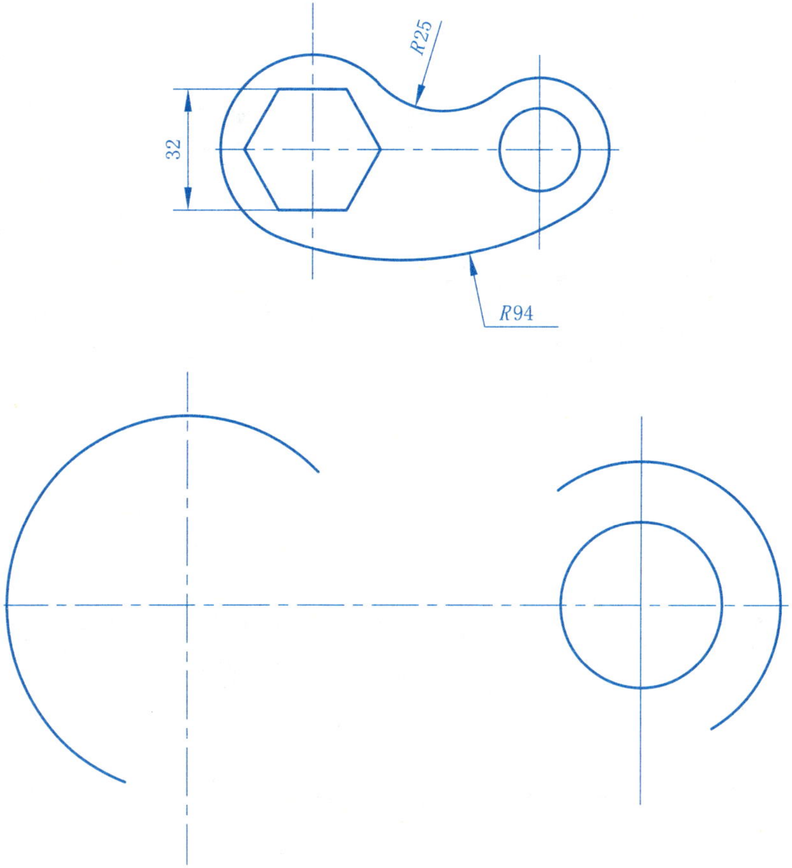

1-11 几何作图（用绘图工具将下面的图形抄绘在右边）。

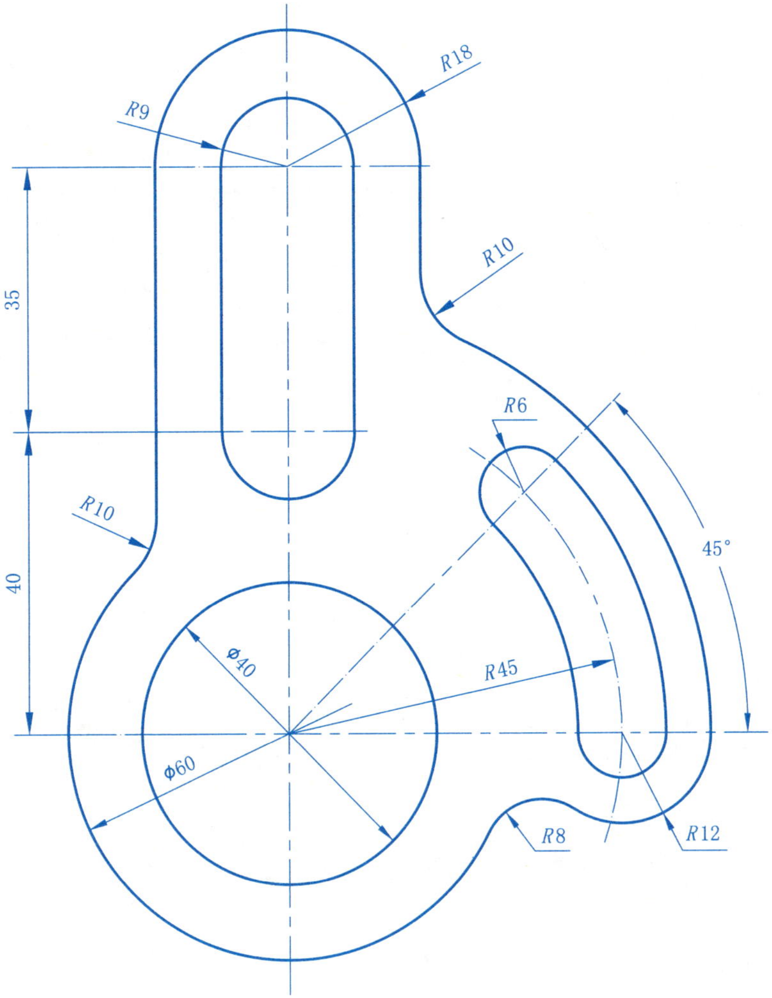

1-12　分析图中尺寸标注的错误，并在下方图中正确标注。

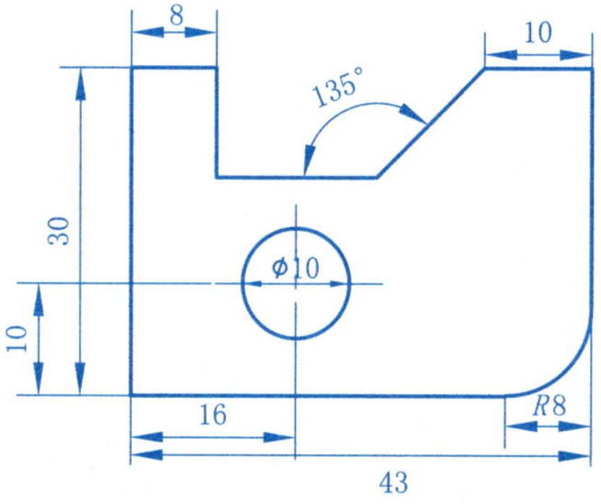

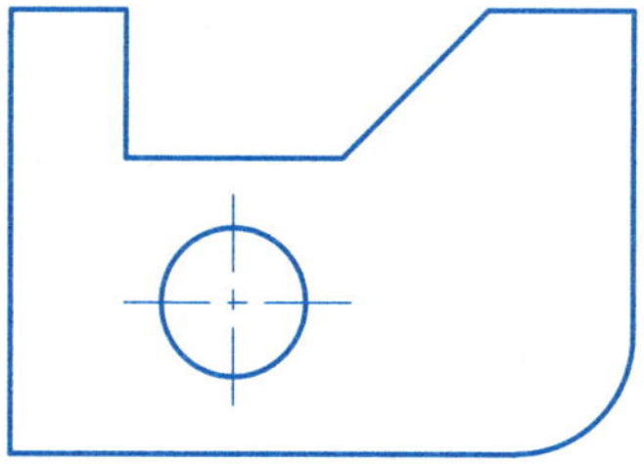

1-13　标注平面图形的尺寸（数值按图中量取，取整数）。

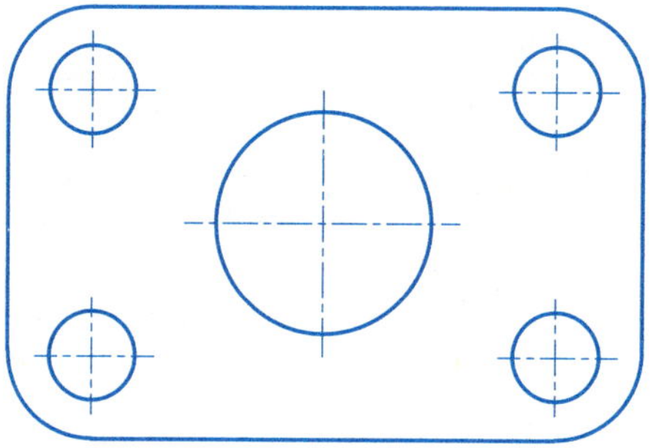

1-14　大作业：平面图形及尺寸标注。

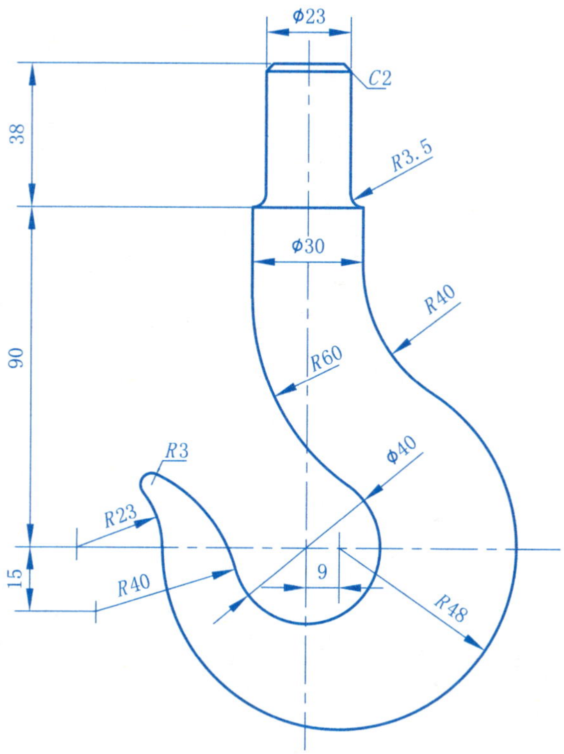

基 本 练 习

一、内容

平面图形及尺寸标注。

二、要求

1. 布图匀称。
2. 作图准确。圆弧连接要用几何作图的方法确定圆心和切点。
3. 图面清晰、整洁、图线粗细分明、线型均匀一致且符合国家标准规定，尺寸数字及箭头大小一致。
4. 正确使用绘图仪器。

三、作图步骤及注意事项

1. 固定图纸，布置图面，作定位线。
2. 按线段分析确定作图顺序，用铅笔轻轻地作出底稿。
3. 标注尺寸。
4. 检查描深。描深之前一定要仔细检查，确认图形及尺寸都准确无误后，方可描深。
5. 填写标题栏。图名：基本练习。在相应栏内填写：姓名、班级、学号、比例、日期等内容。

1-15 已知左视图，在适当的位置分别画出其另外两个视图。

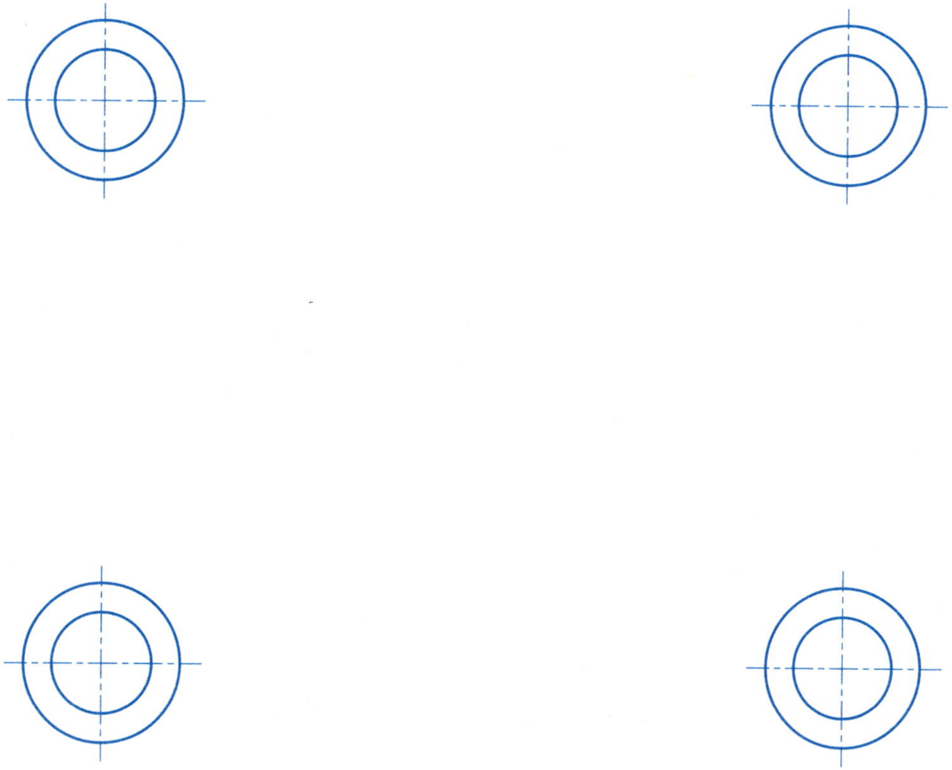

1-16　已知主视图，在适当的位置分别画出其另外两个视图。

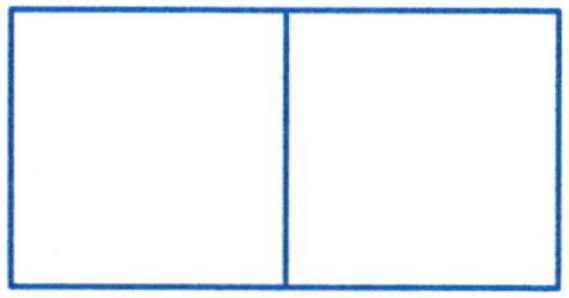

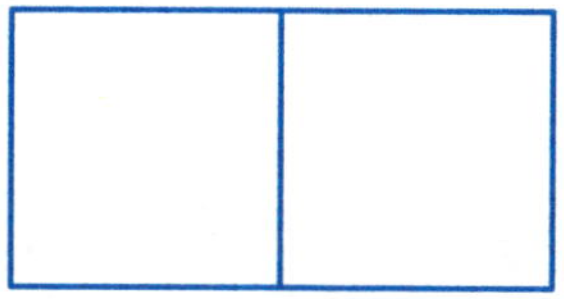

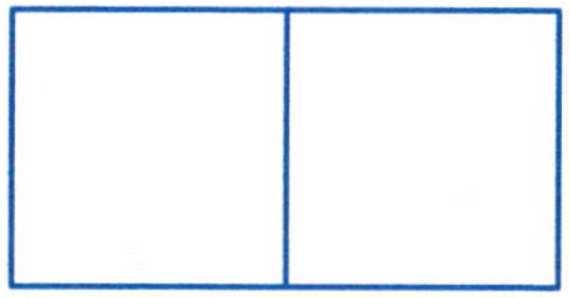

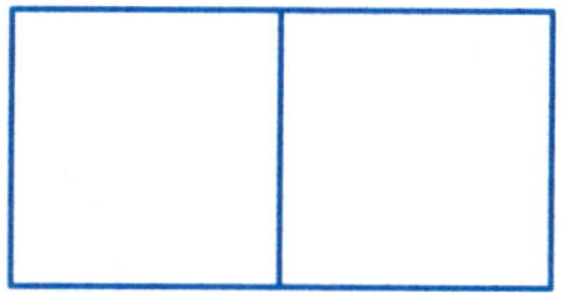

2-1 求作立体的第三视图，并补全立体表面上点的其余两投影。

(1)

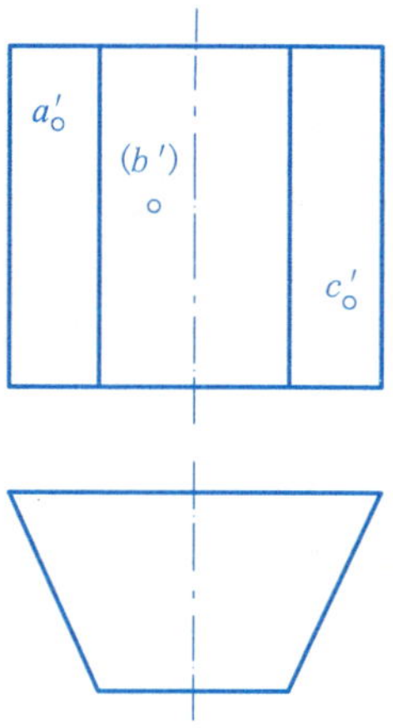

(2)

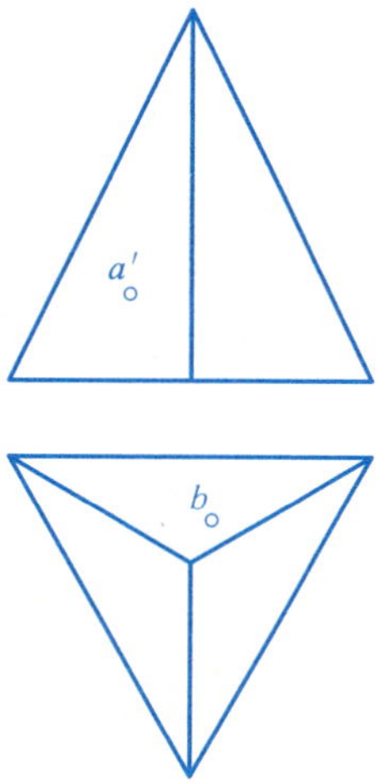

(3)

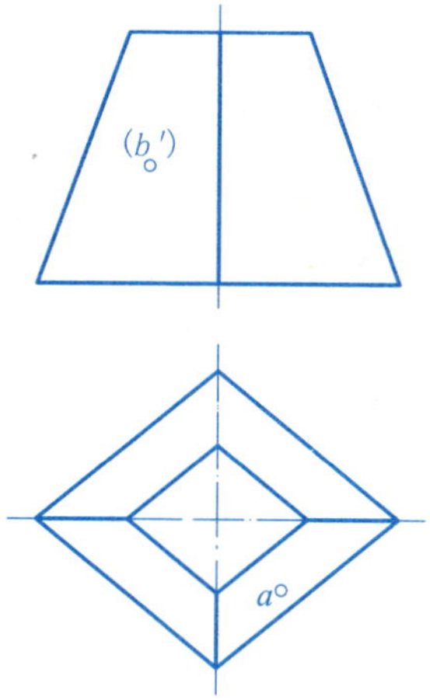

(4)

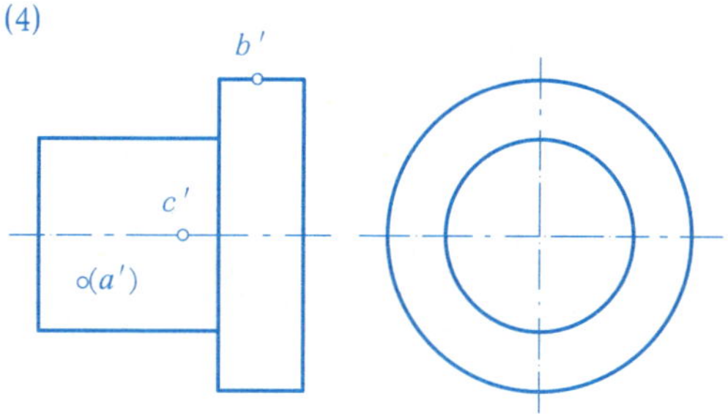

(5)

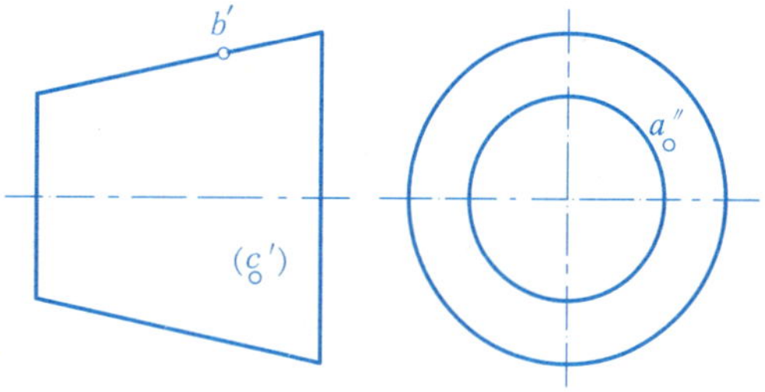

(6)

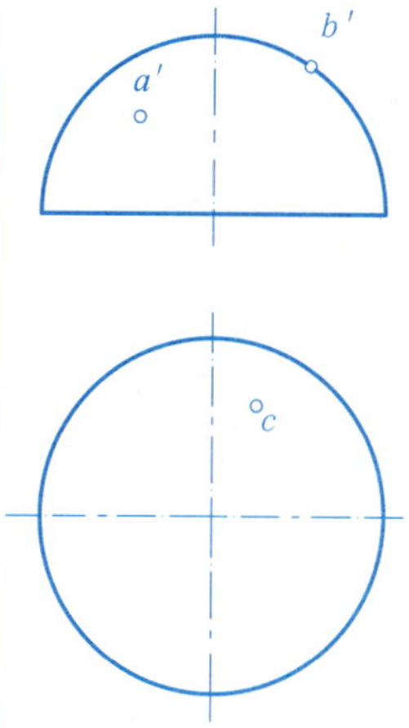

2-2　求作立体的第三视图。

(1)

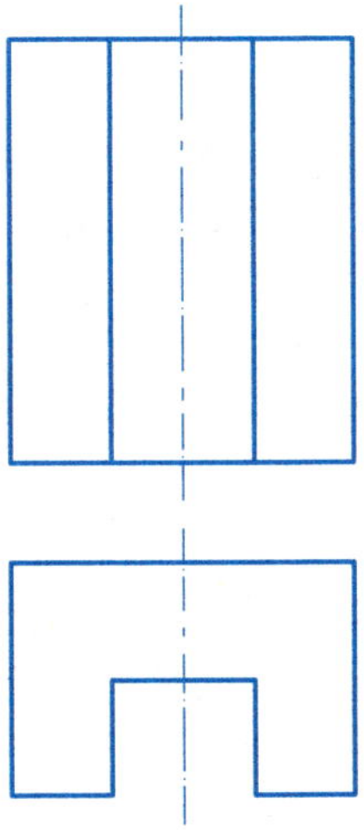

(2)

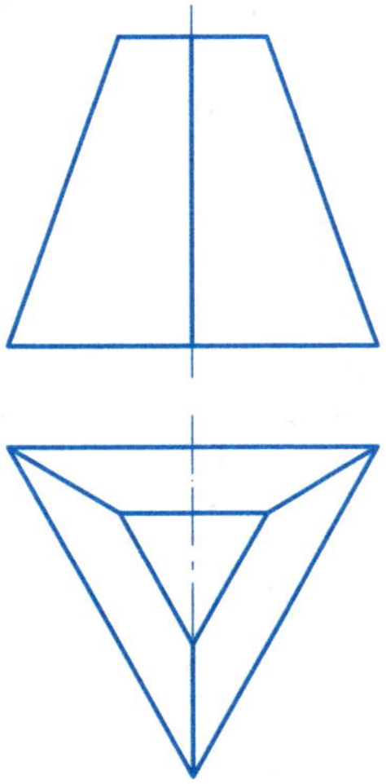

(3)

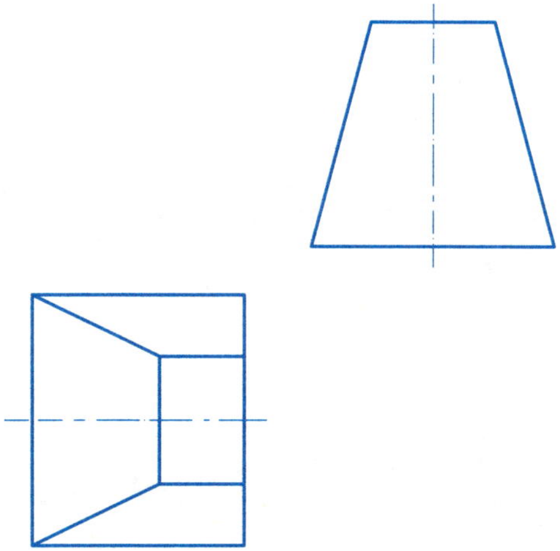

(4)

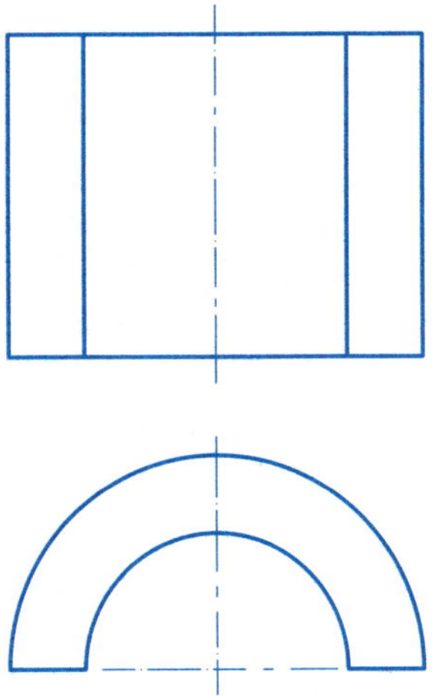

(5)

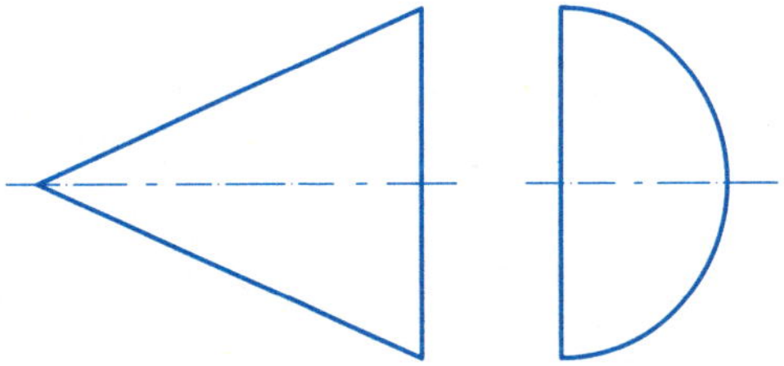

(6)

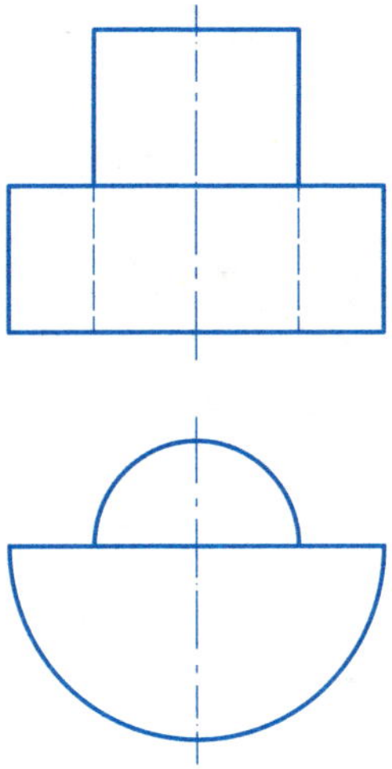

2-2　求作立体的第三视图。

(7)

(8)

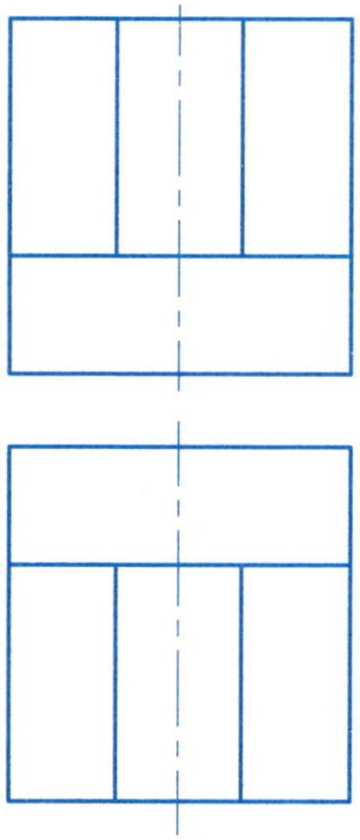

(9)

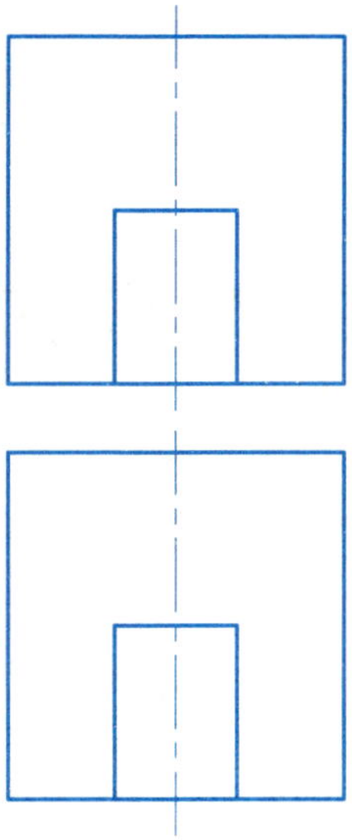

(10)

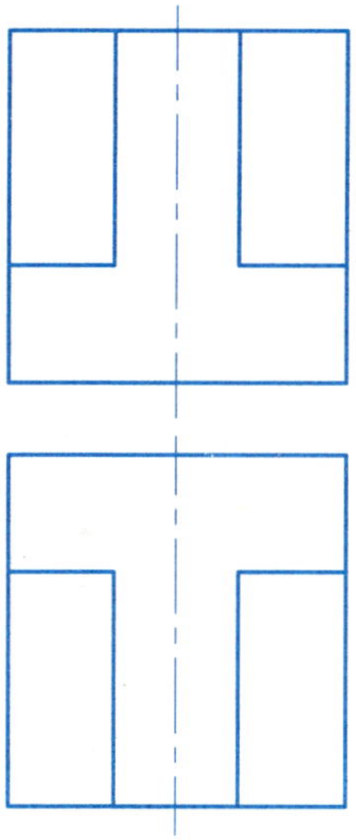

2-2 求作立体的第三视图。

(11)

(12)

(13)

(14)

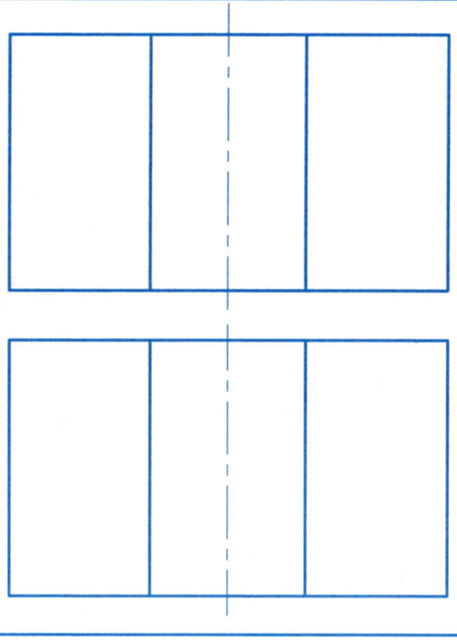

3-1 求作左视图，并用彩色笔勾画出平面 P 的三面投影。

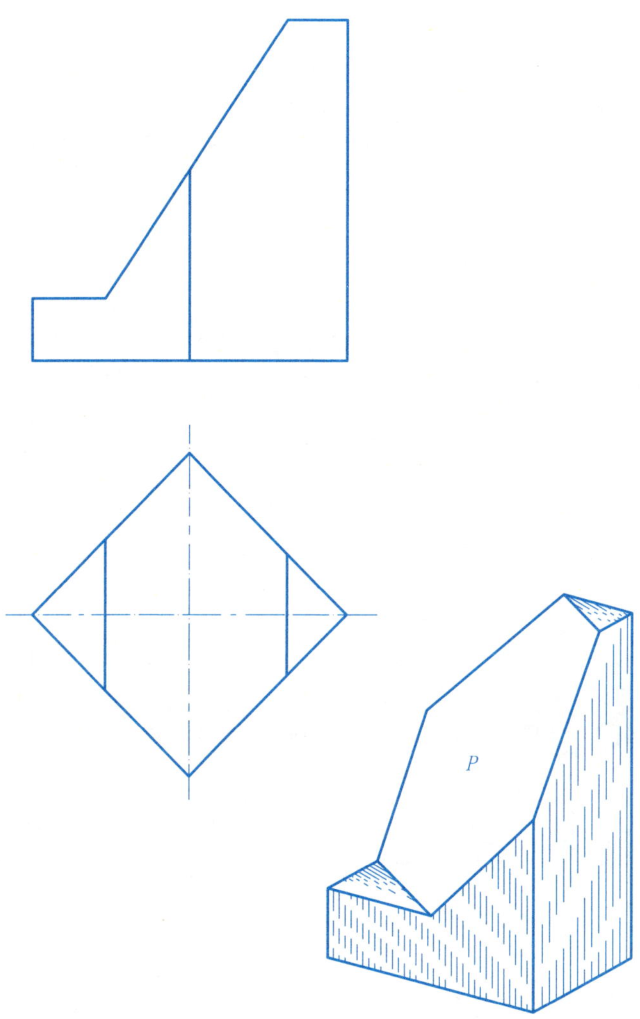

3-2 求作俯视图，并用彩色笔勾画出平面 Q 的三面投影。

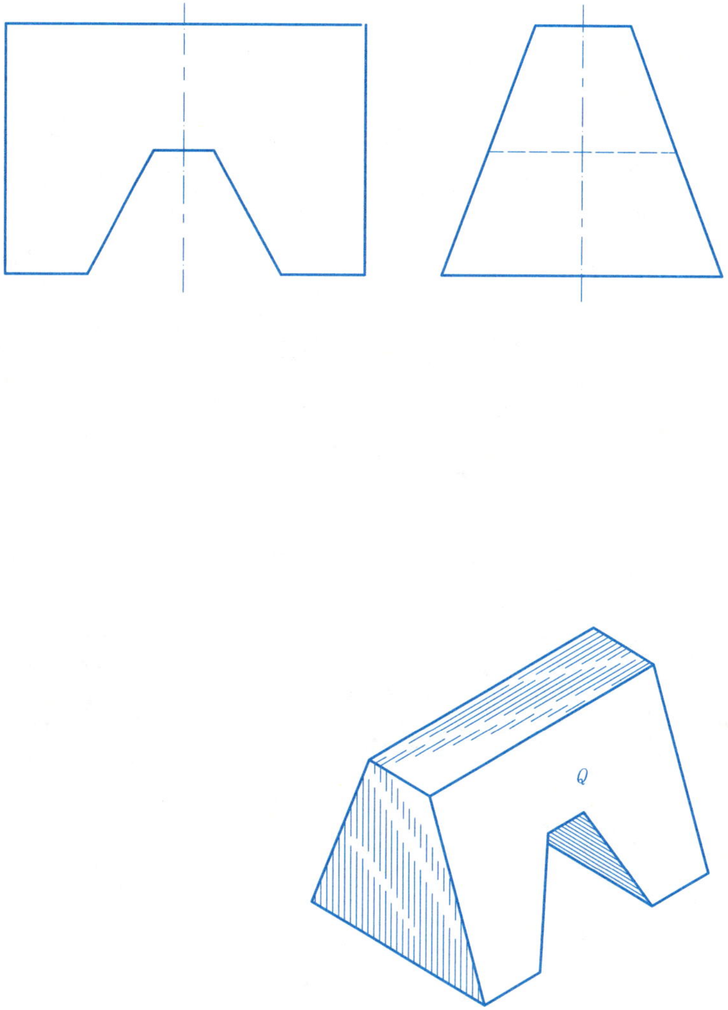

3-3　补全三棱锥被截切后的俯视图，并求作左视图。

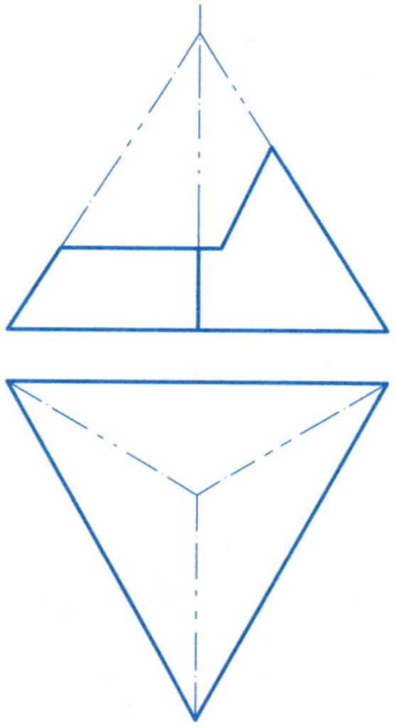

3-4　求作俯视图。

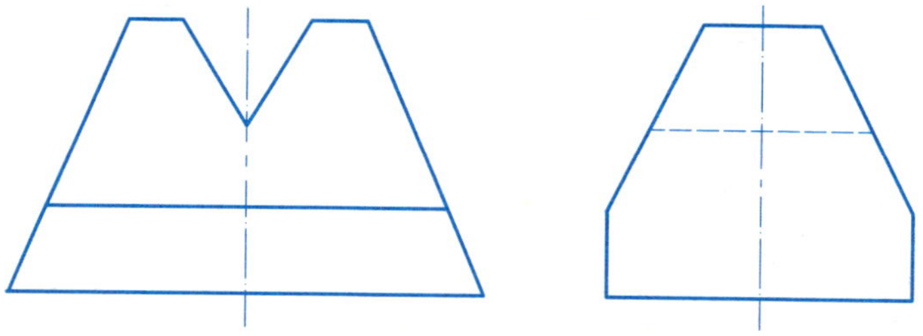

3-5　求作左视图。

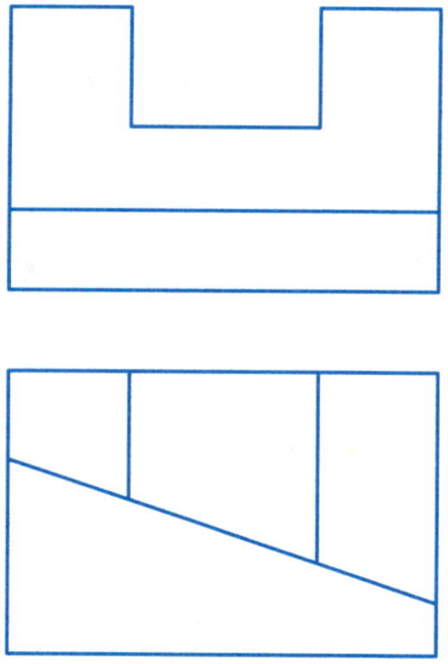

3-6　补全俯视图和左视图上所缺的线。

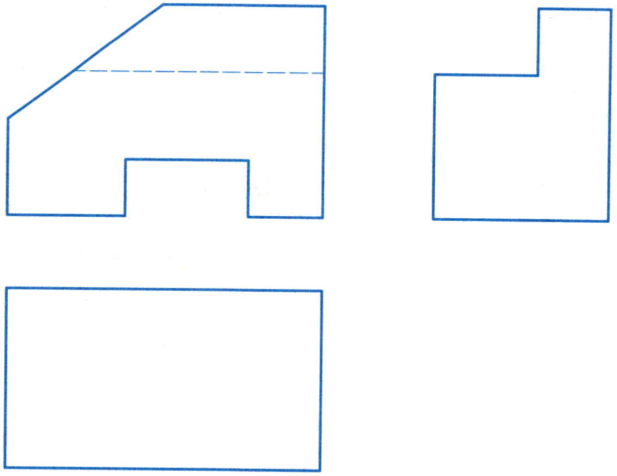

3-7　补全主视图和俯视图上所缺的线。

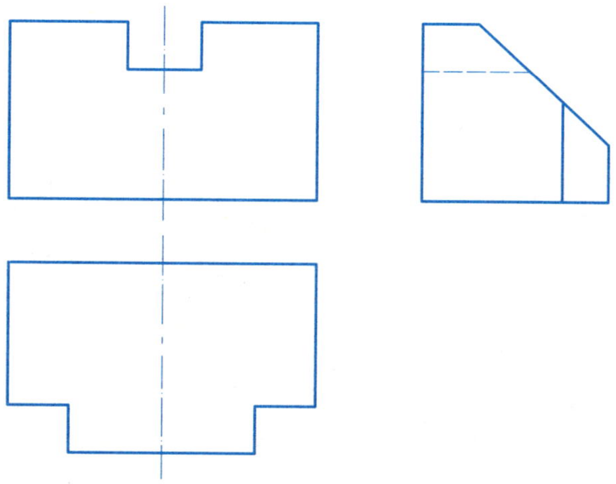

3-8　补全主视图和俯视图上所缺的线。

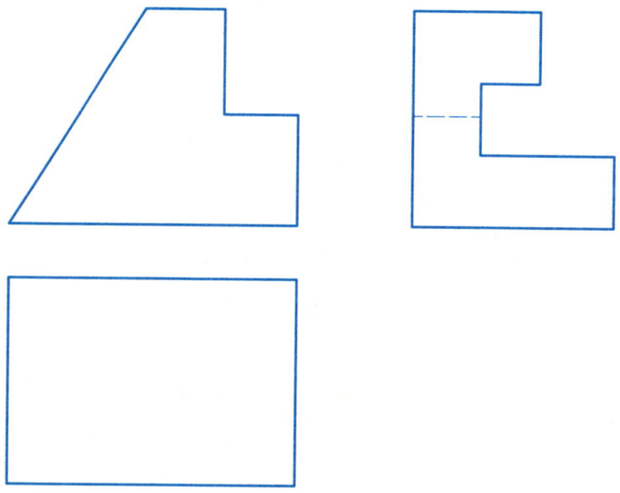

3-9　求作俯视图。

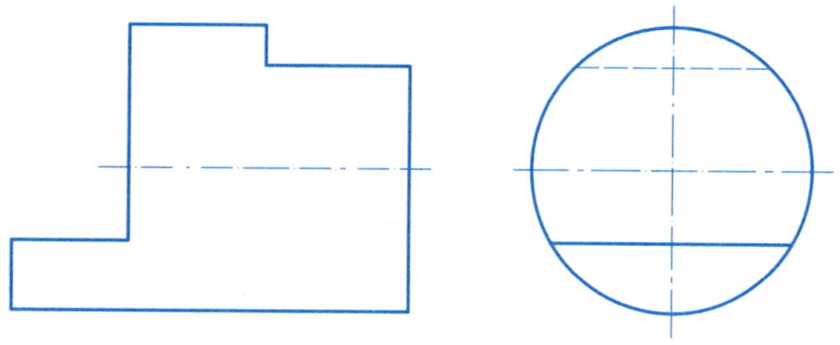

3-10　求作俯视图。

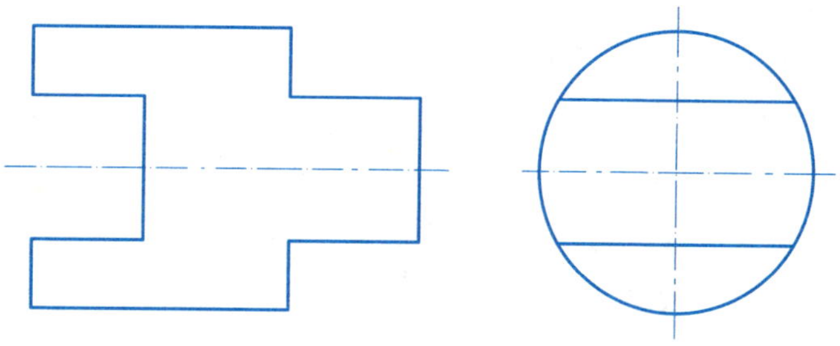

3-11　求作左视图。

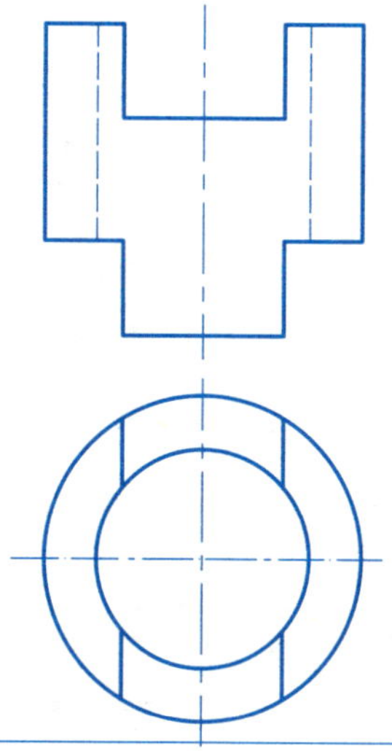

3-12　求作俯视图。

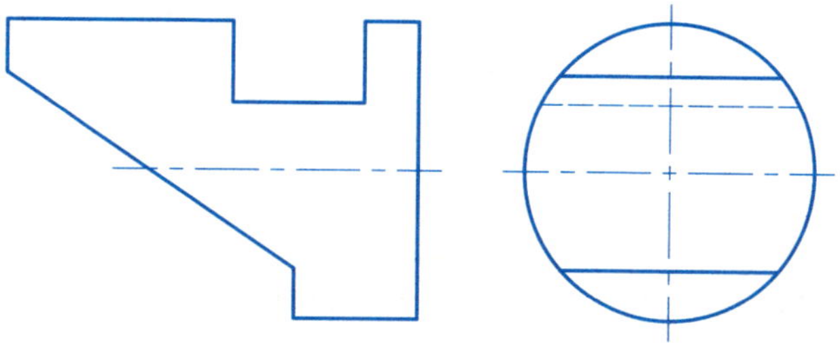

3-13　求作左视图。

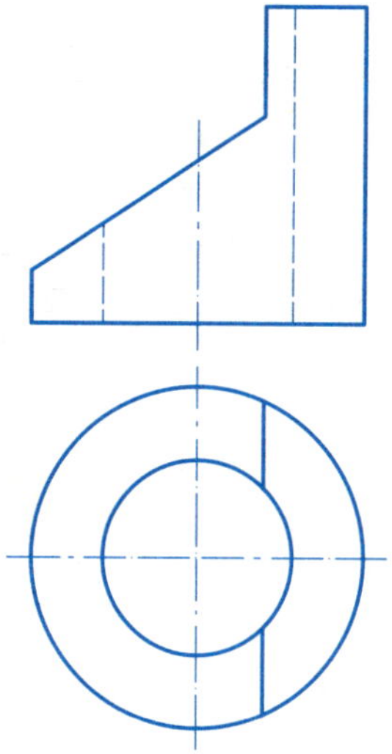

3-14　求作俯视图。

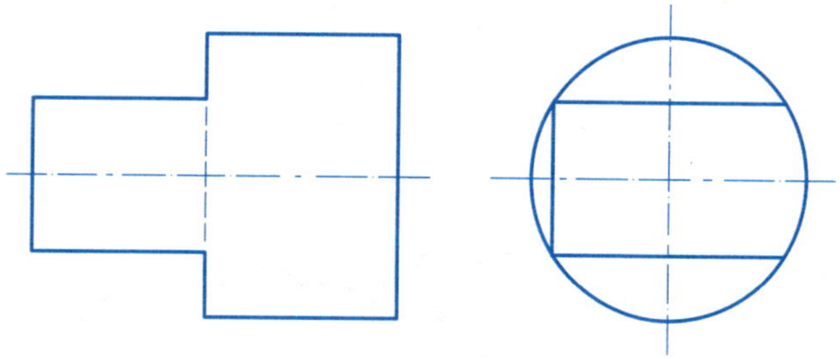

3-15　已知主视图和俯视图，选择正确的左视图（在其选项号上打√）。

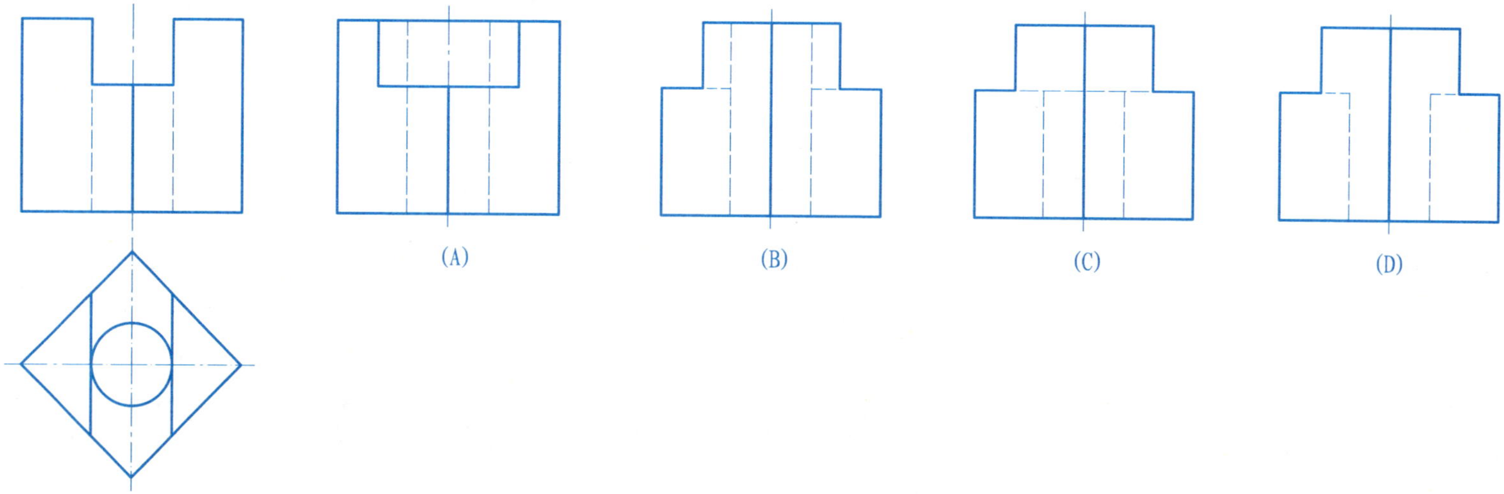

3-16　已知主视图和俯视图，选择正确的左视图（在其选项号上打√）。

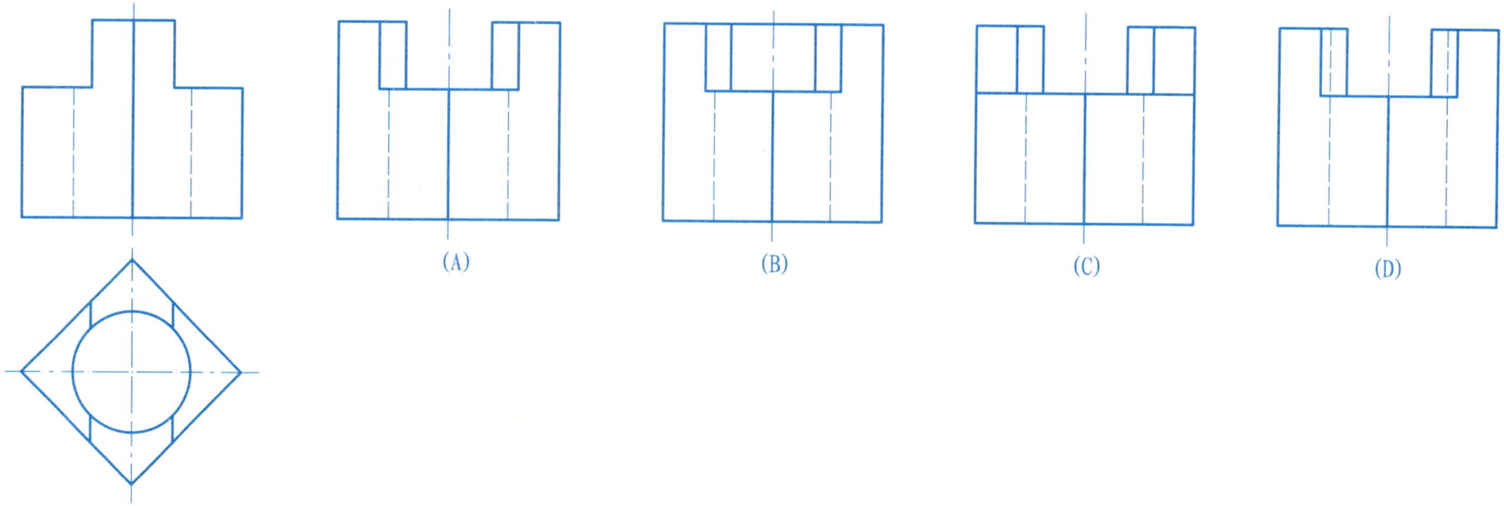

3-17　求作主视图。

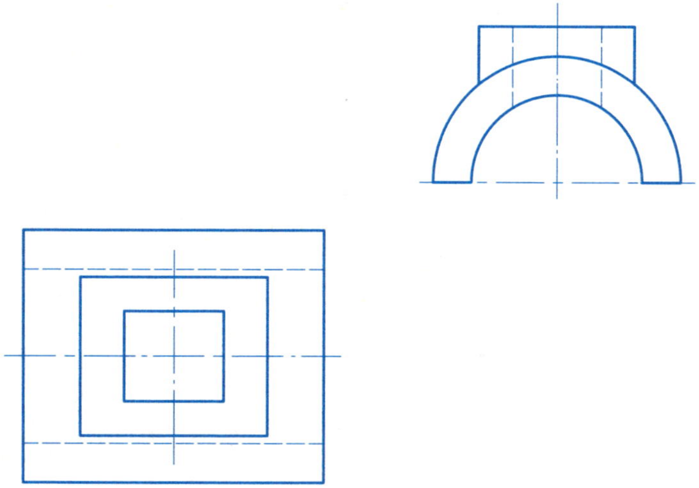

3-18　求作俯视图。

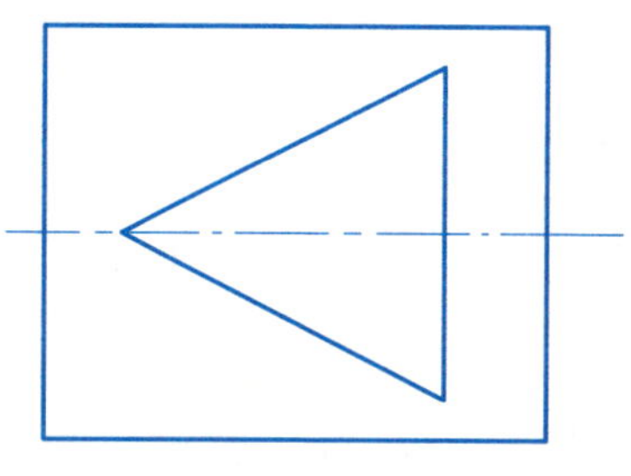

3-19　求作主视图。

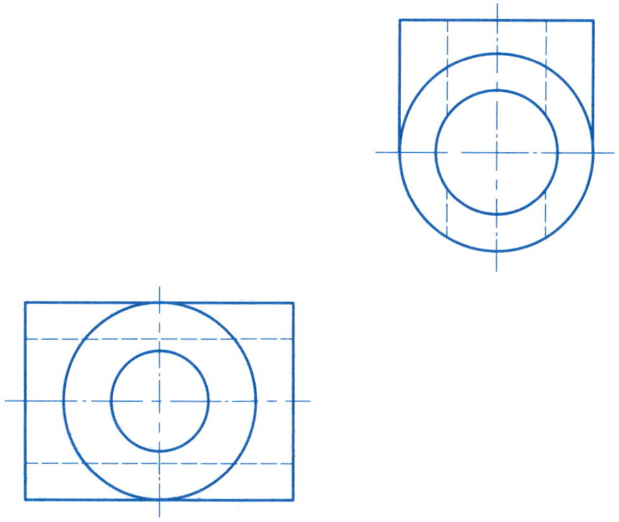

3-20　求作俯视图。

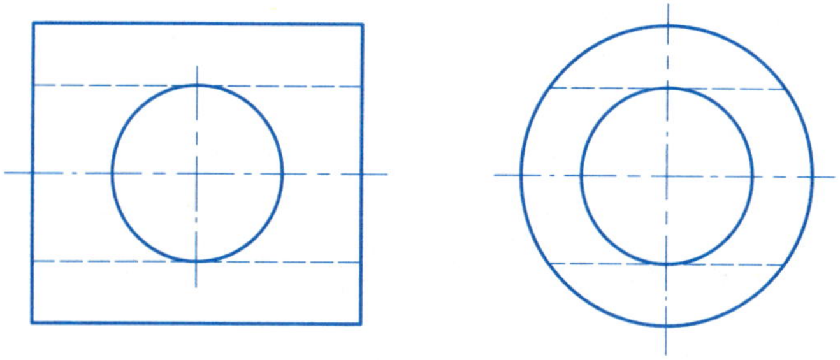

3-21 求作主视图。

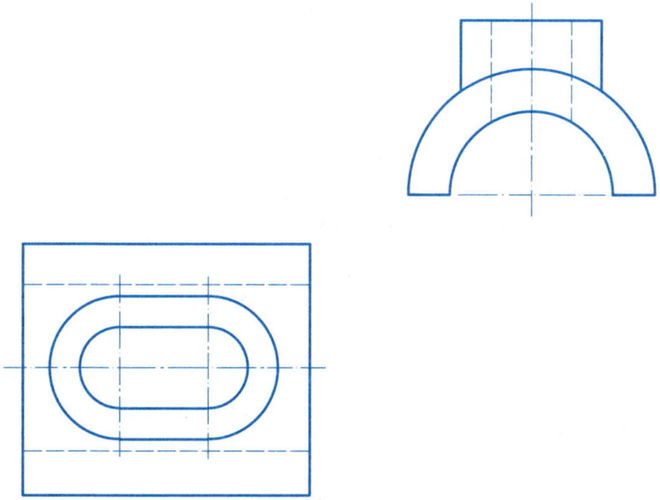

3-22 求作左视图。

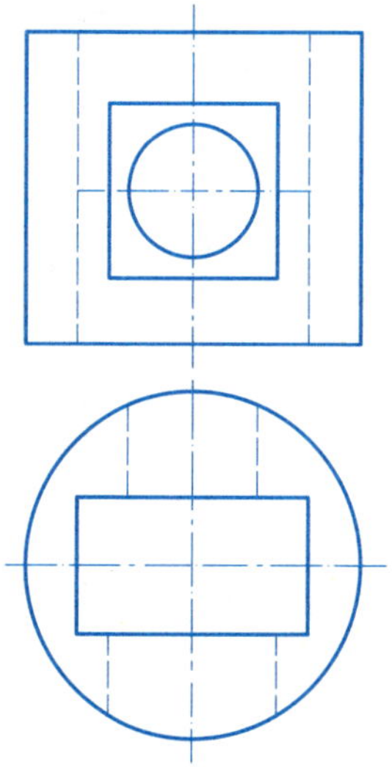

3-23 求作俯视图。

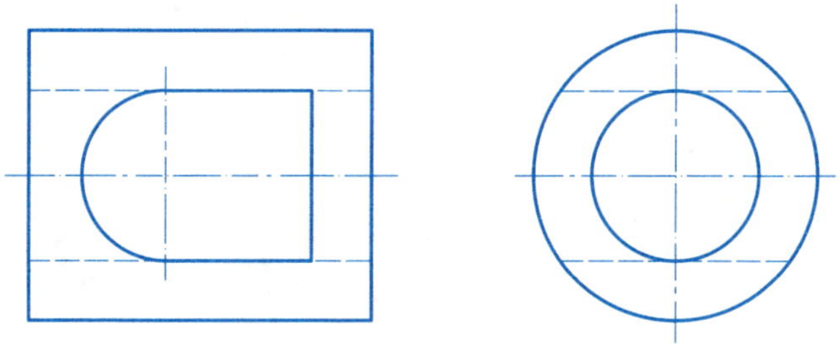

3-24 求作俯视图。

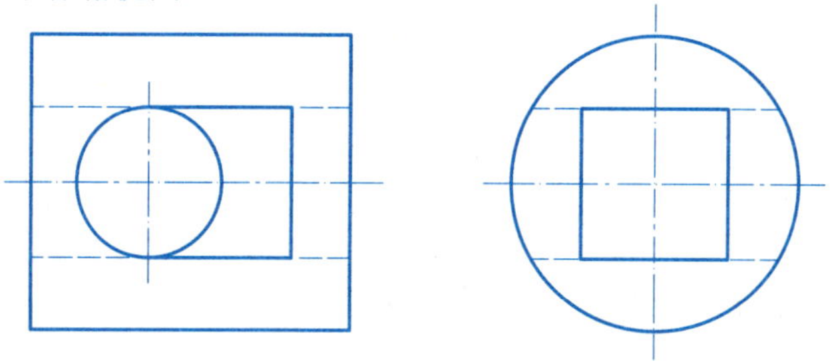

3-25　已知主视图和俯视图，选择正确的左视图（在其选项号上打√）。

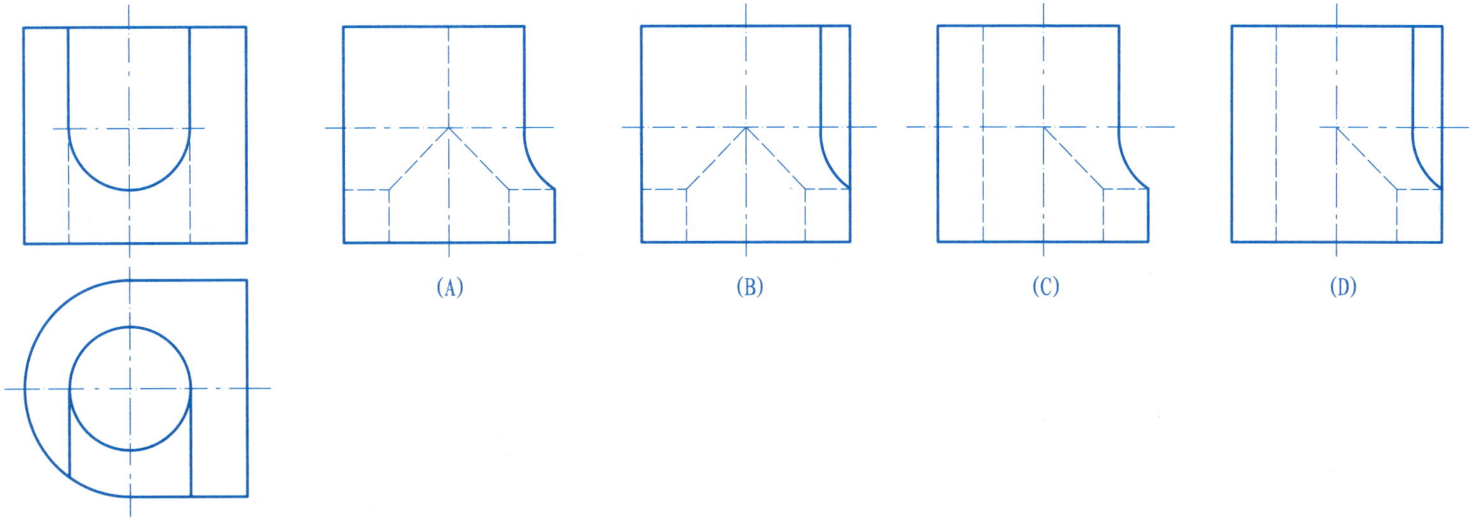

3-26　已知主视图和俯视图，选择正确的左视图（在其选项号上打√）。

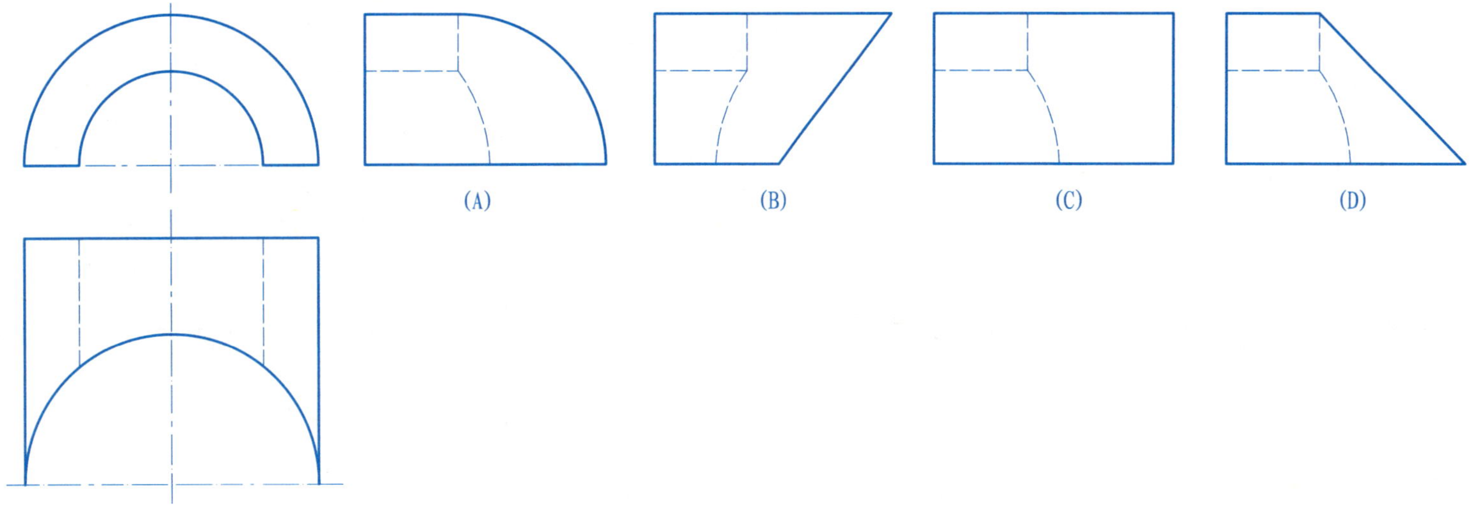

4-1　参照立体图画出三视图(未定尺寸从立体图上量取)。

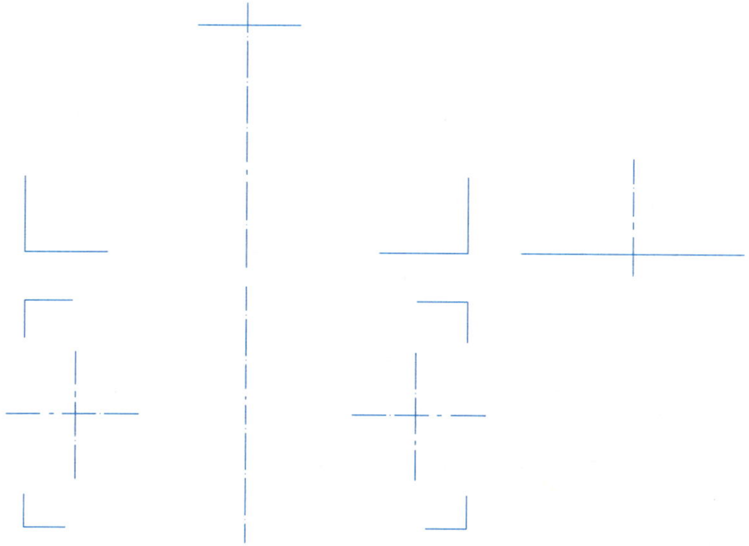

4-2　参照立体图画出三视图(未定尺寸从立体图上量取)。

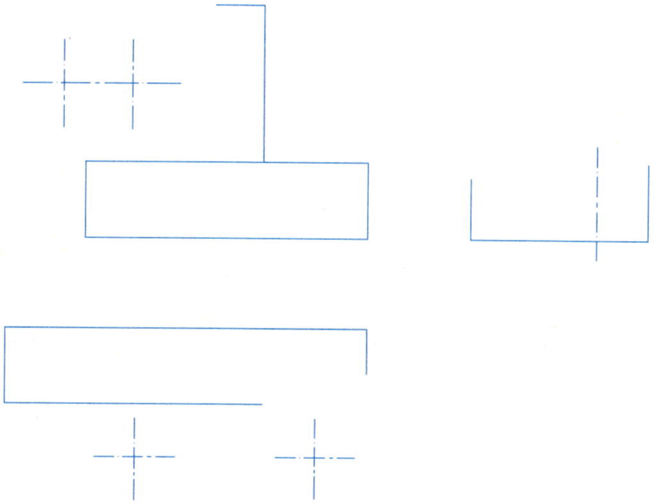

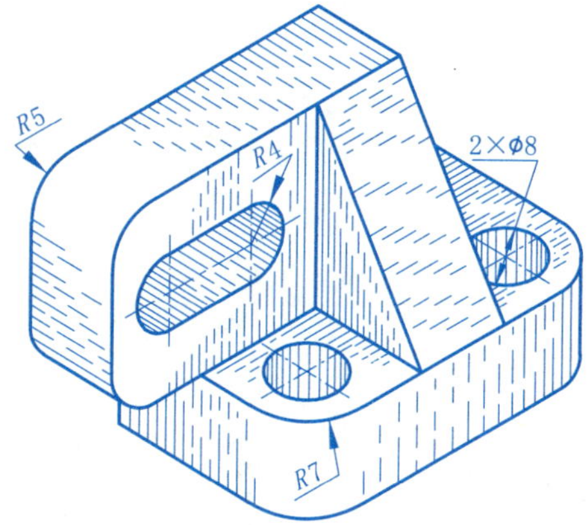

注：孔为通孔。

4-3　参照立体图画出三视图(未定尺寸从立体图上量取)。

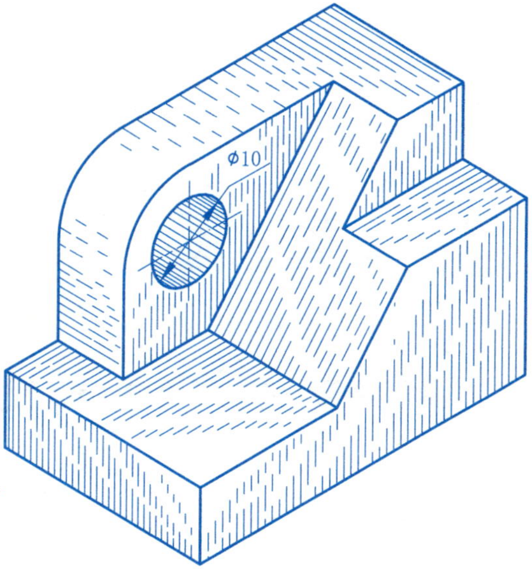

注：孔为通孔。

4-4　参照立体图画出三视图(未定尺寸从立体图上量取)。

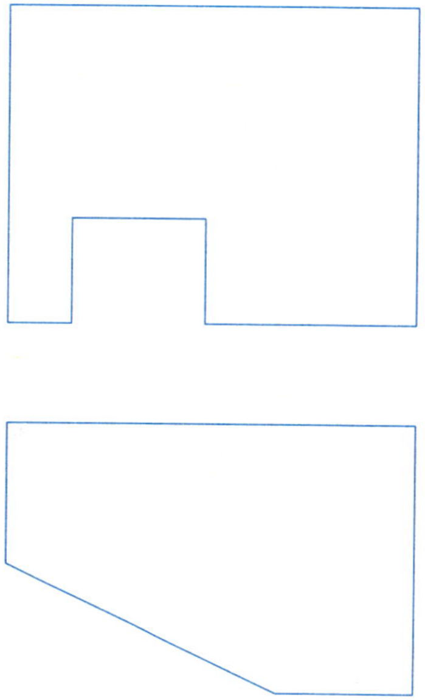

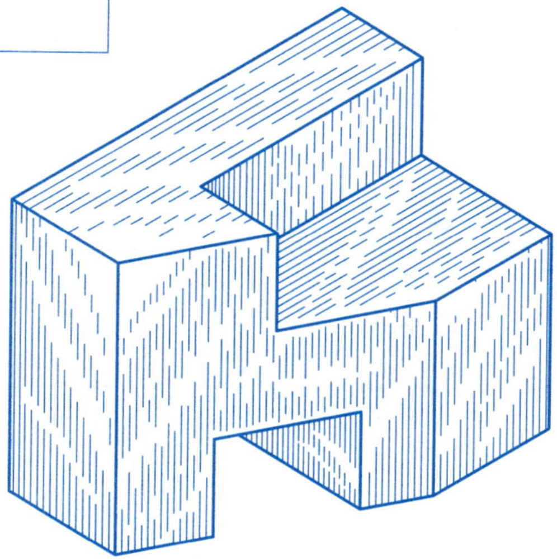

4-5　求作主视图。

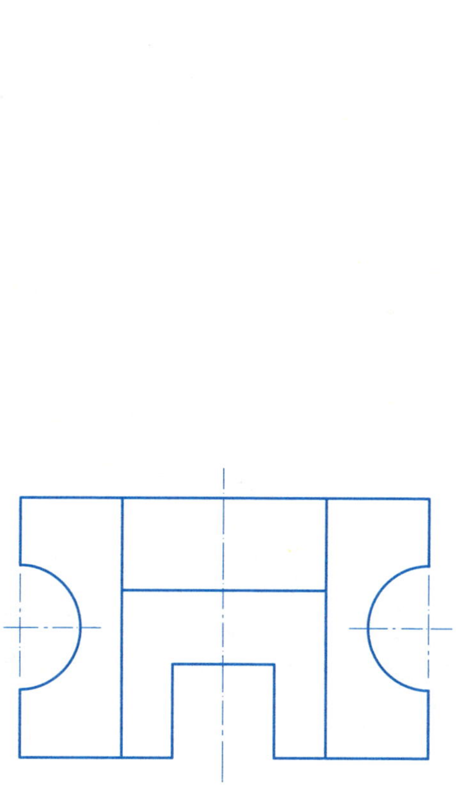

4-6　求作左视图。

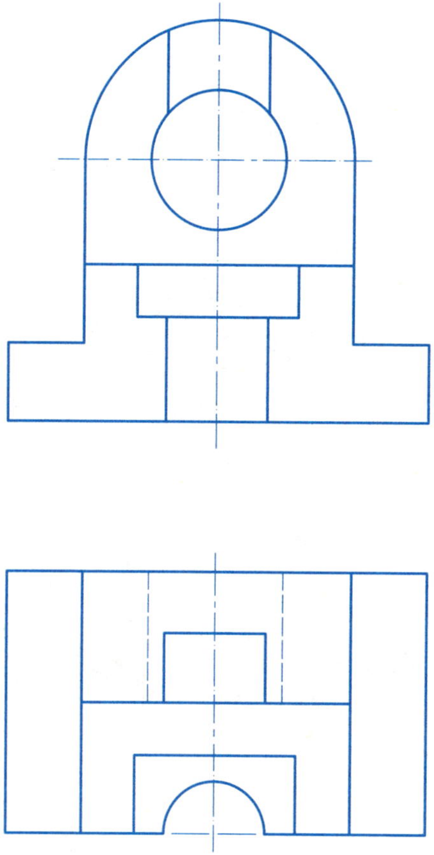

4-7　分析形状的变化，补齐视图中所缺的线。

(1)

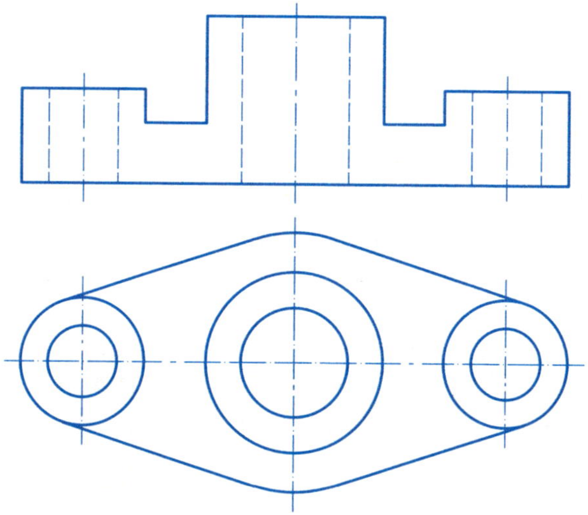

(2)

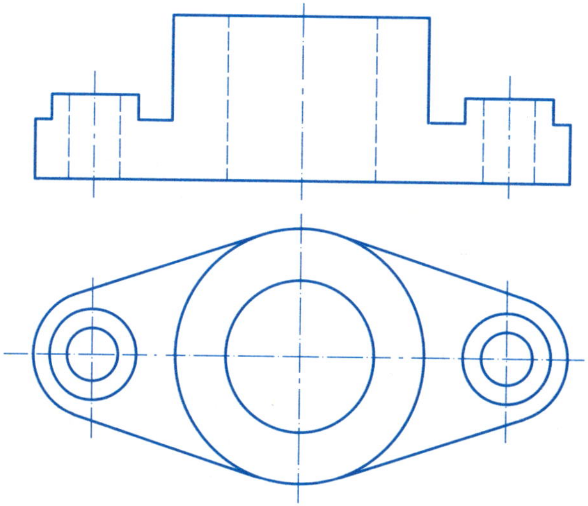

(3)

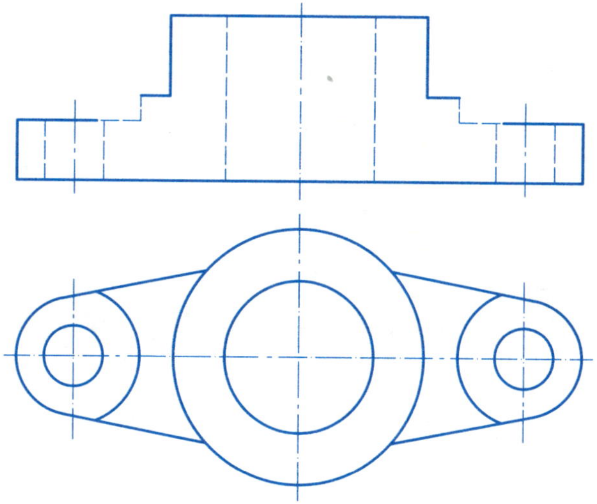

(4)

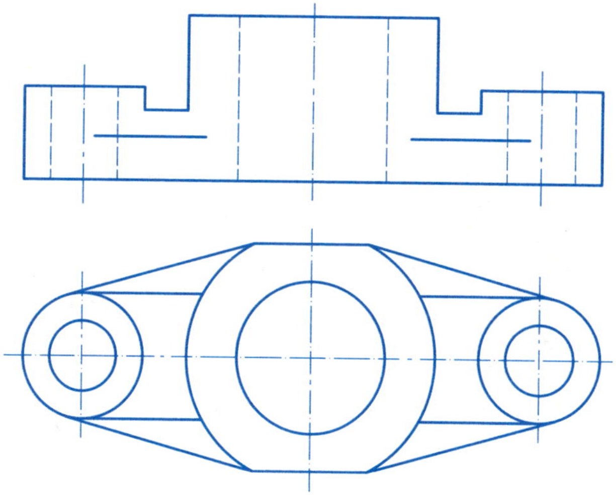

4-8　求作左视图。

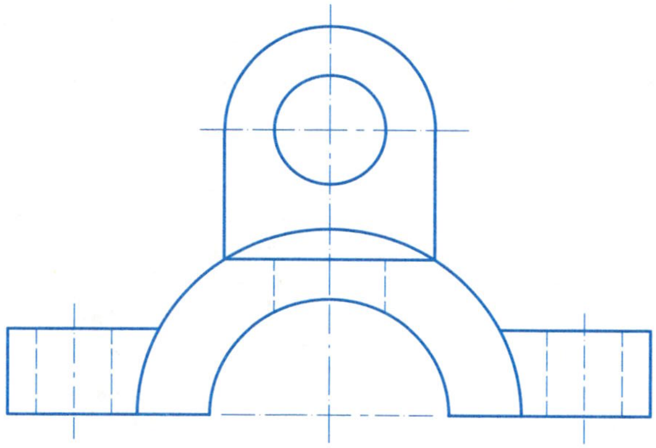

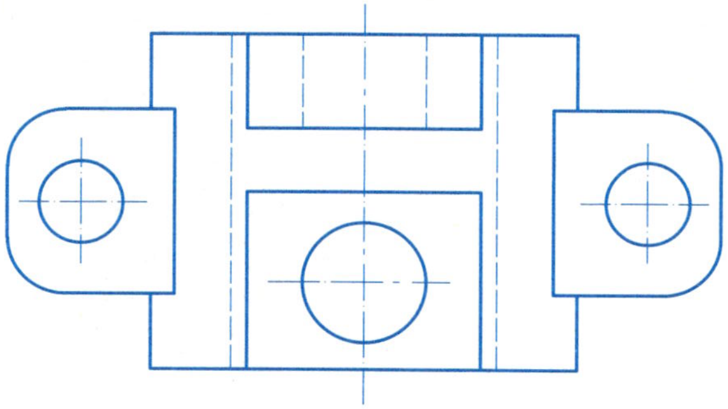

4-9　求作左视图。

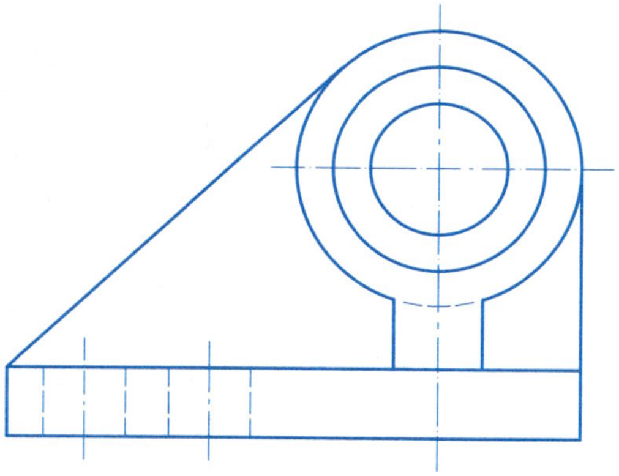

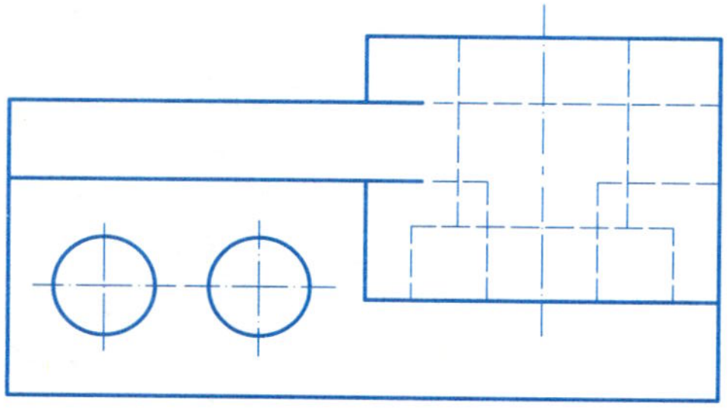

4-10 求作俯视图。

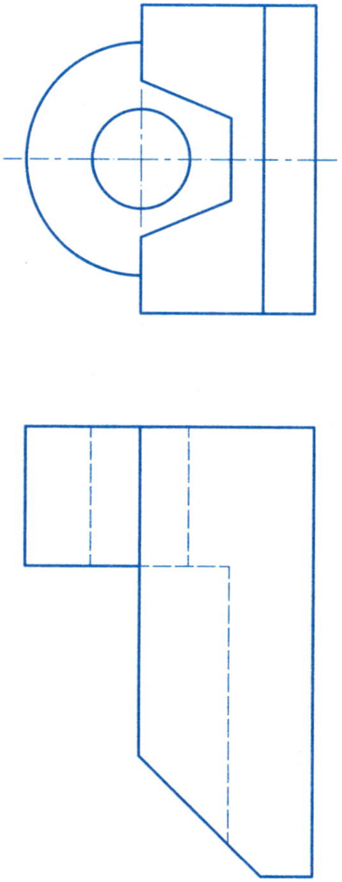

4-11 求作主视图。

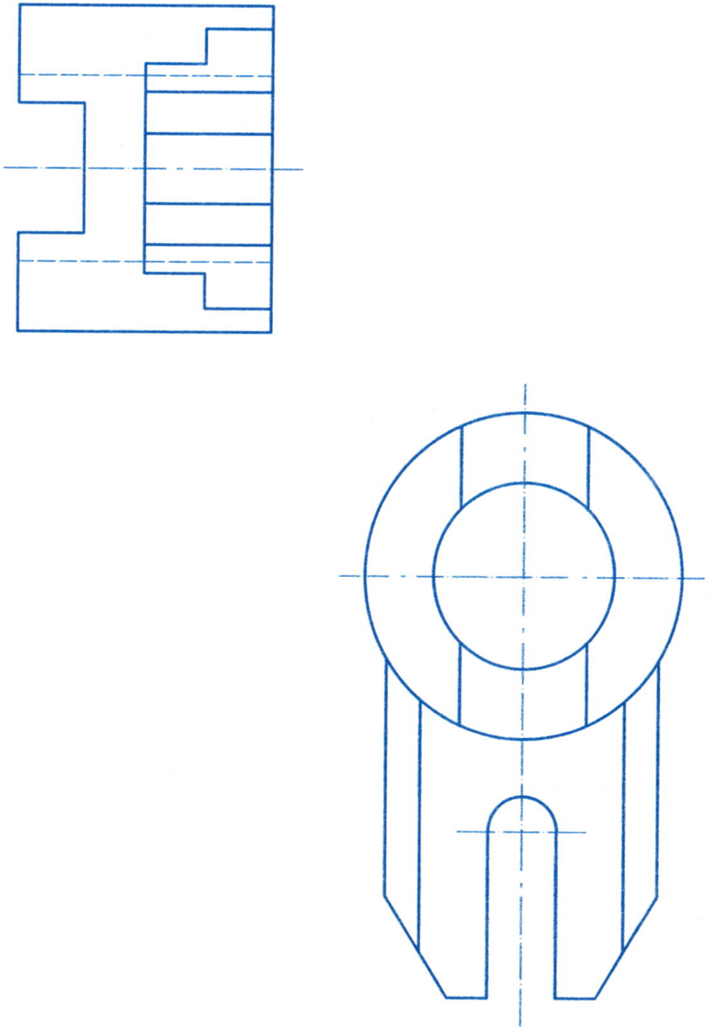

4-12 求作俯视图。

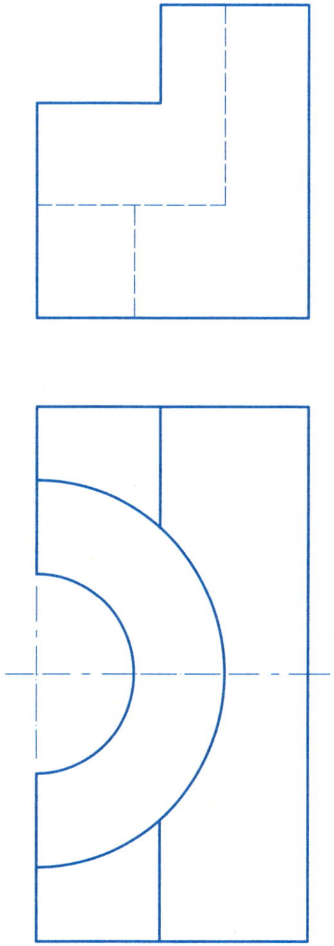

4-13 求作俯视图。

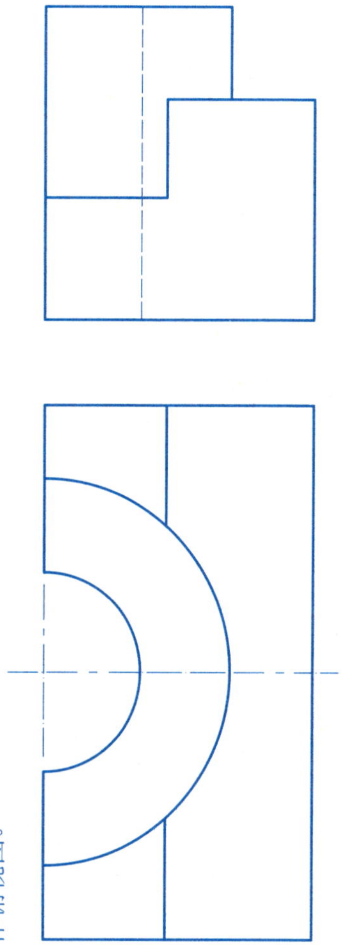

4-14 求作左视图。

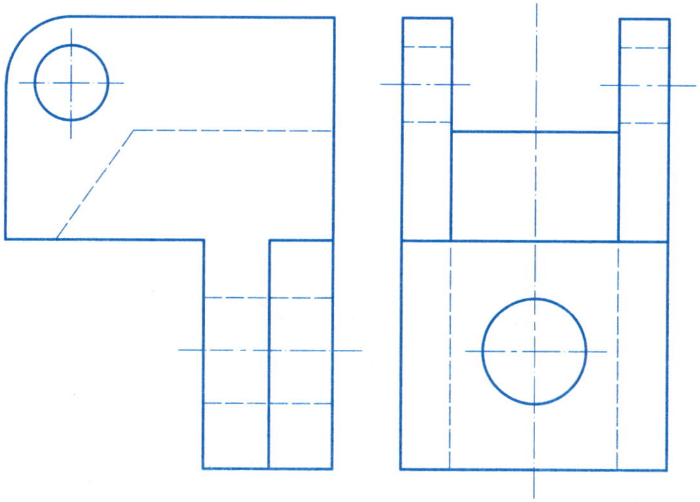

4-15 求作左视图。

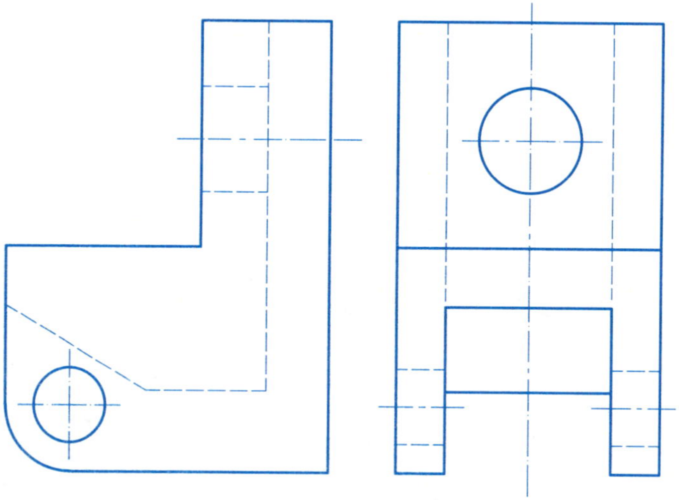

4-16　补齐视图中所缺的线。

(1)　补俯、左视图。

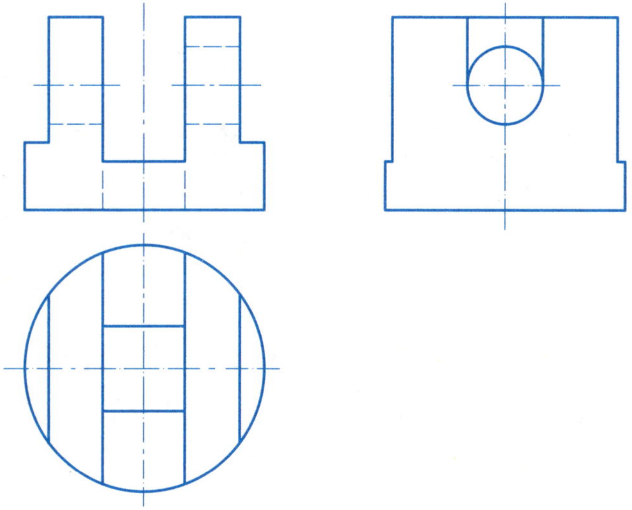

(2)　补主、左视图。

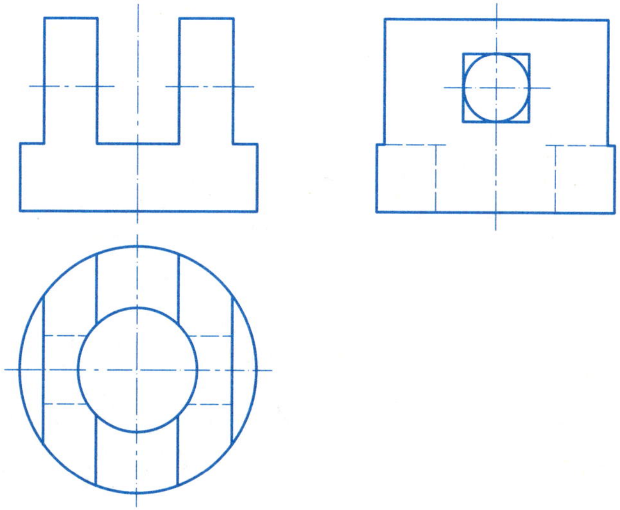

(3)　补主、左视图。

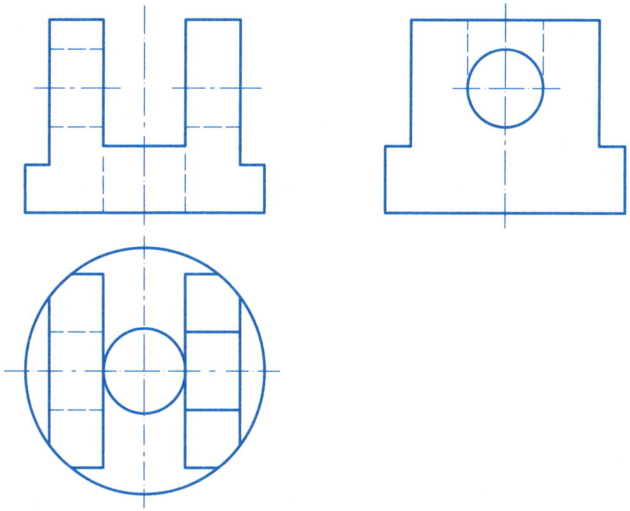

(4)　补主、左视图。

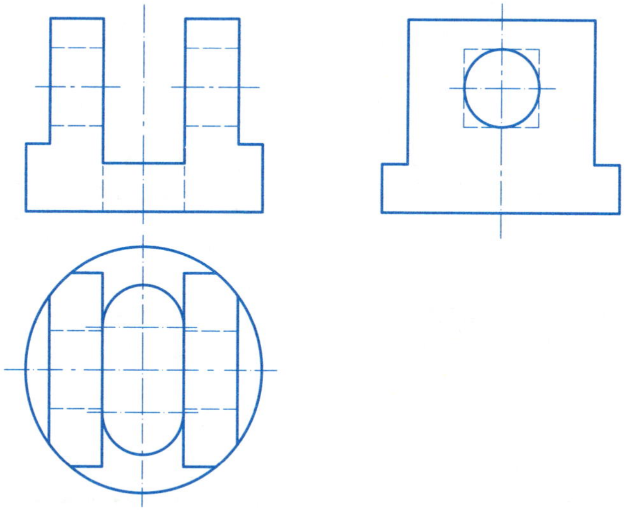

4-17　找出图中尺寸注法的错误，并在右图上正确标注。

(1)

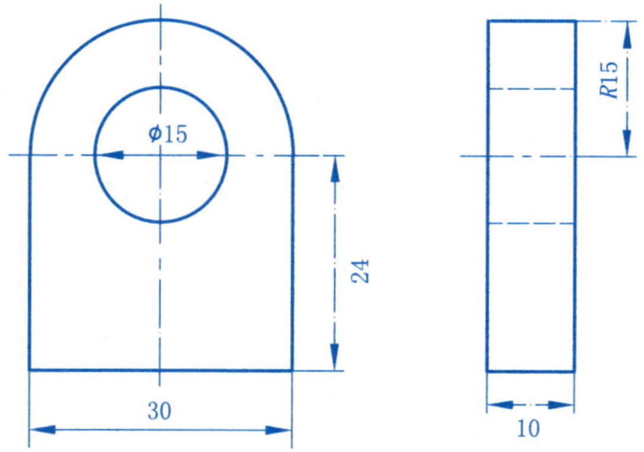

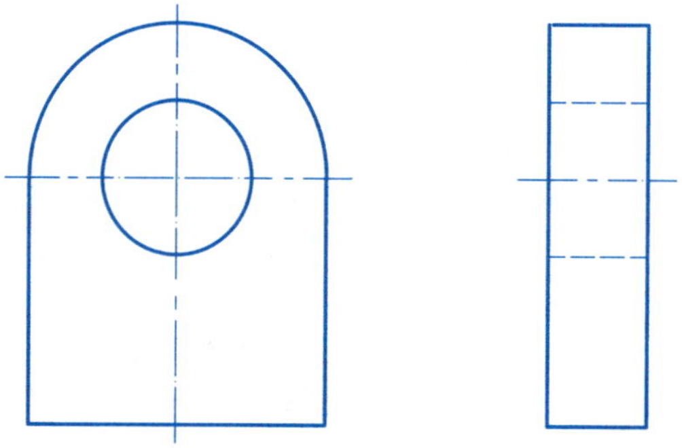

(2)

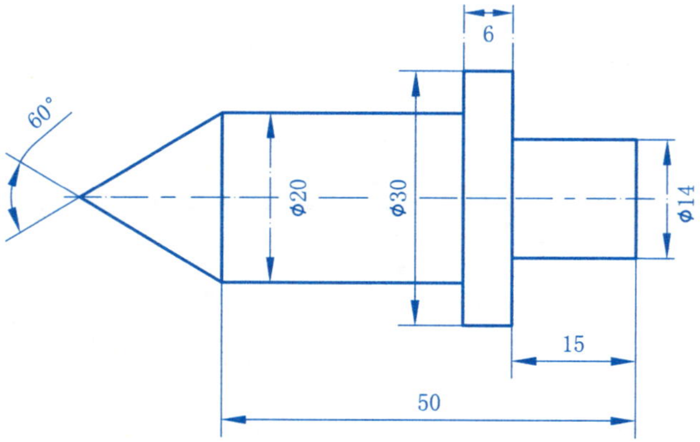

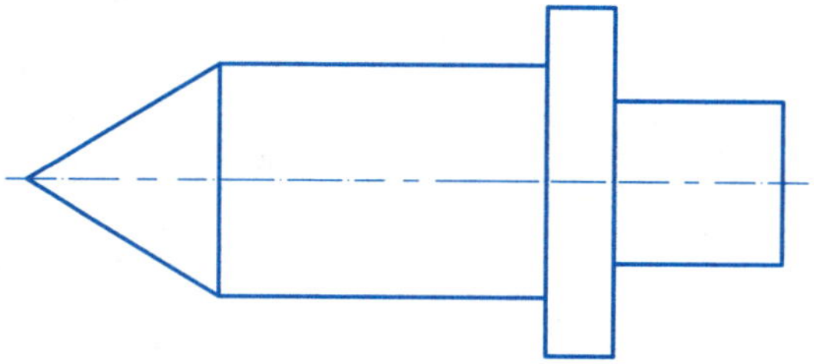

4-18 标注尺寸(数值按图中量取，取整数）。

(1)

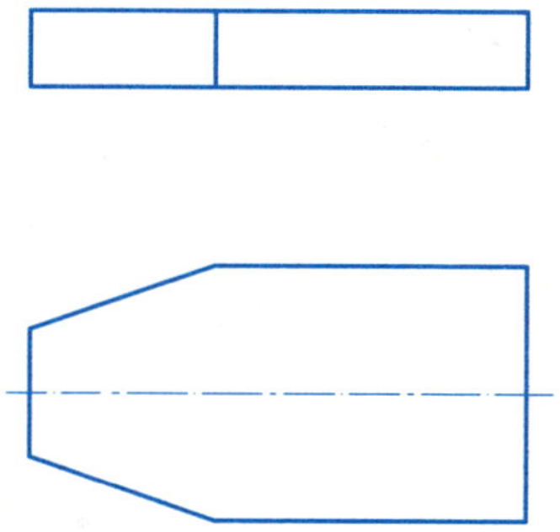

(2)

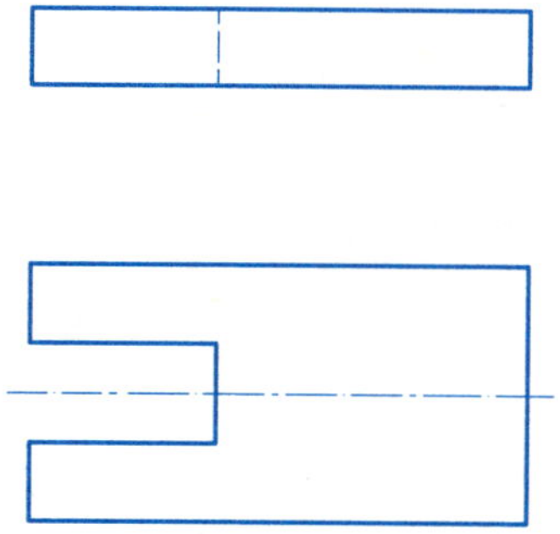

(3)

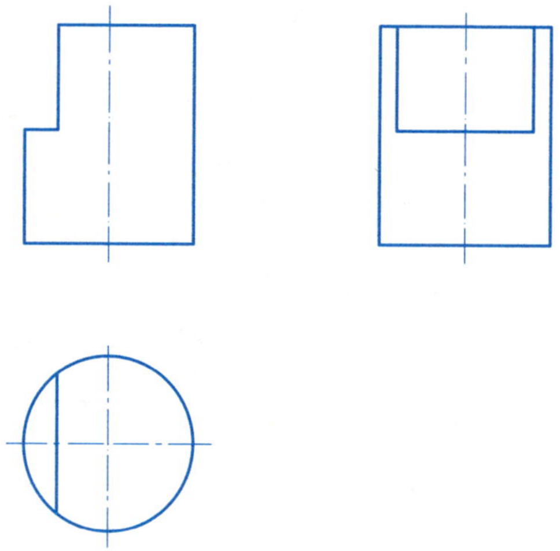

(4)

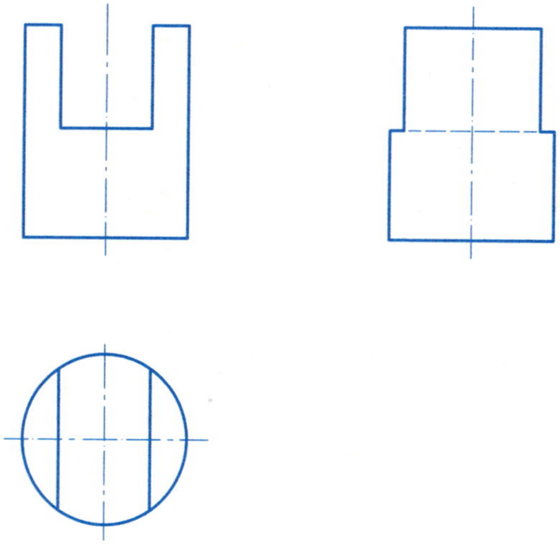

4-19　标注尺寸(数值按图中量取，取整数）。

(1)

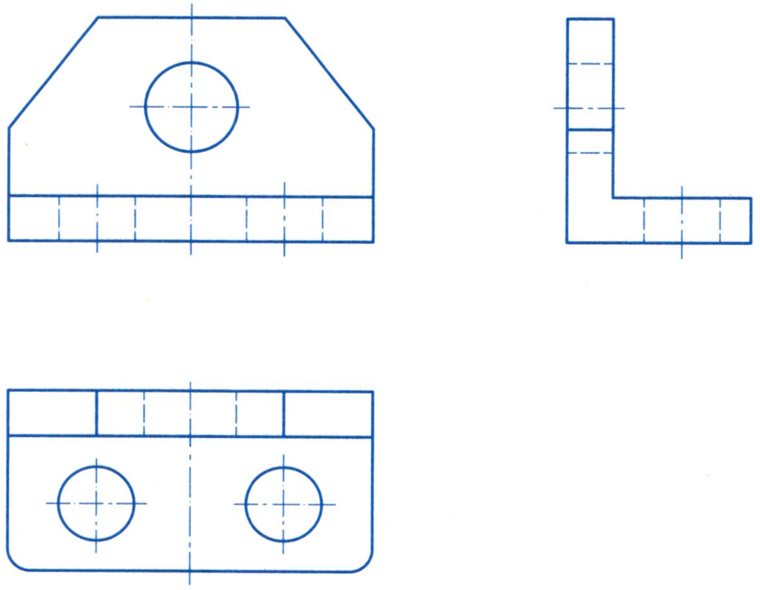

(2)

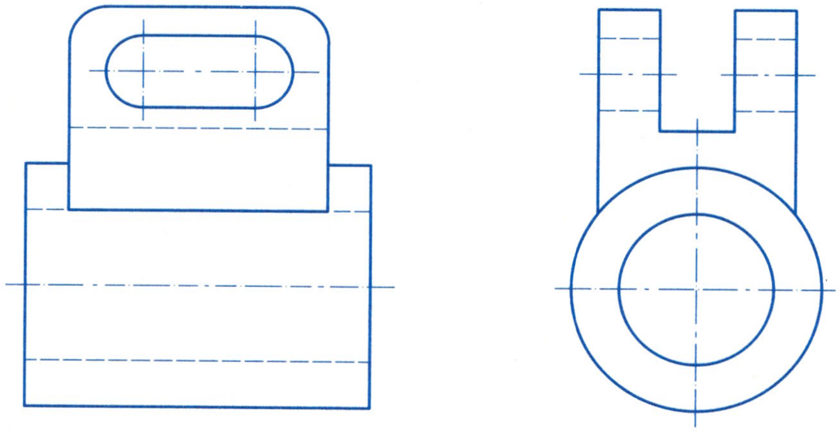

4-20　标注尺寸（数值按图中量取，取整数）。

(1)

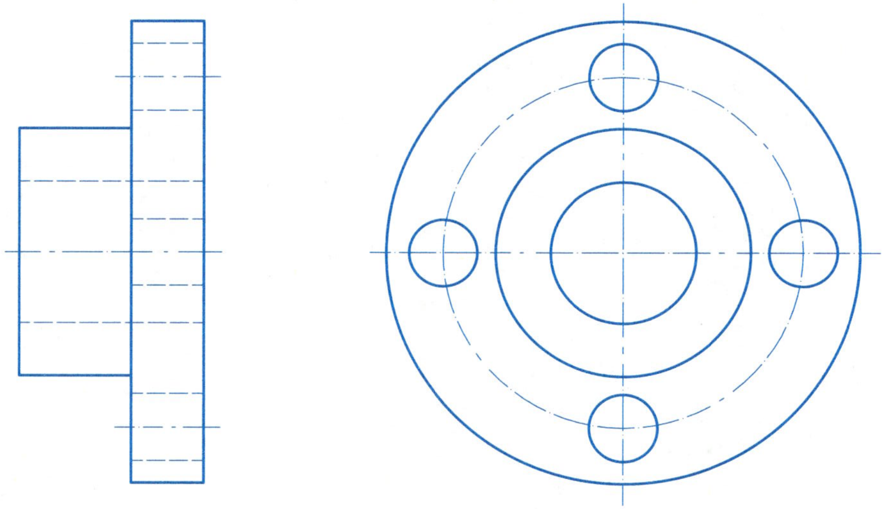

(2)

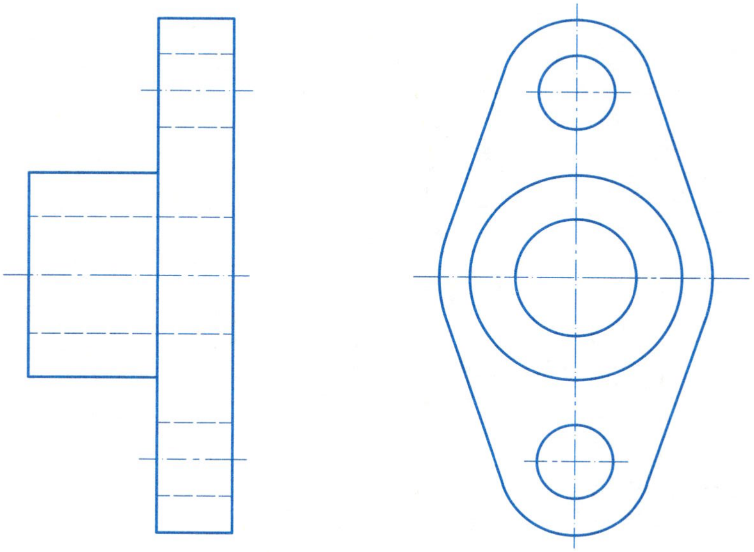

5-1　已知物体的主、俯、左视图，画出物体的其他三个基本视图。

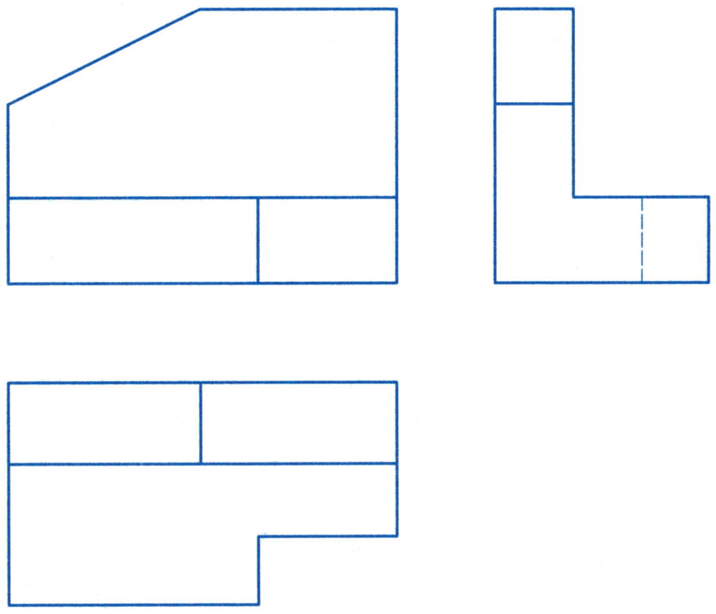

5-2 把主视图画成全剖视图。

(1)

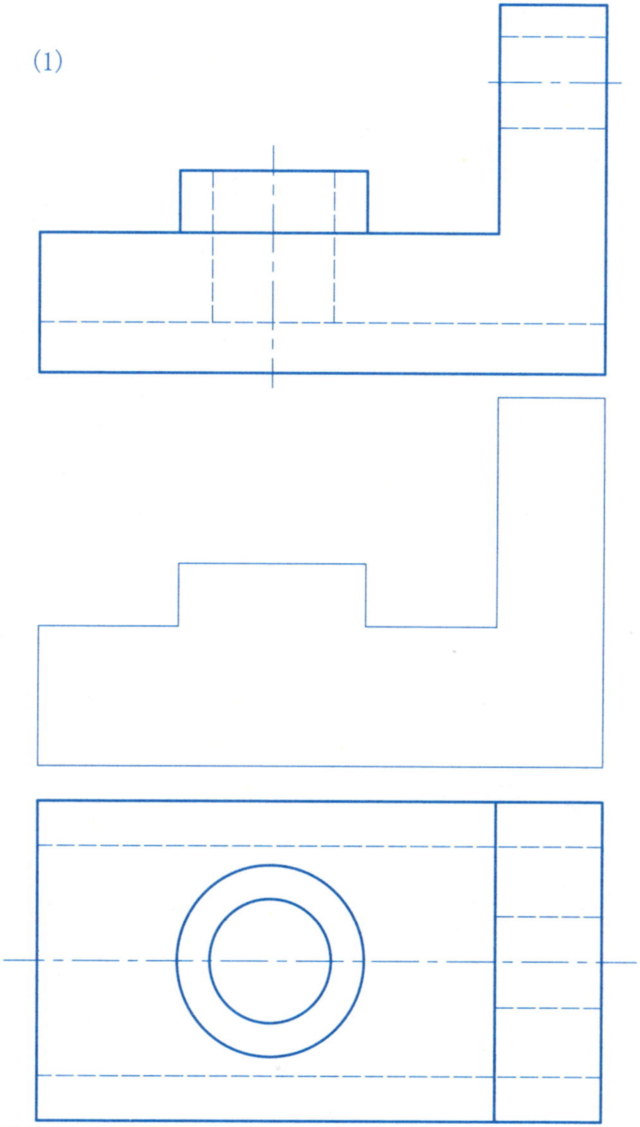

(2)

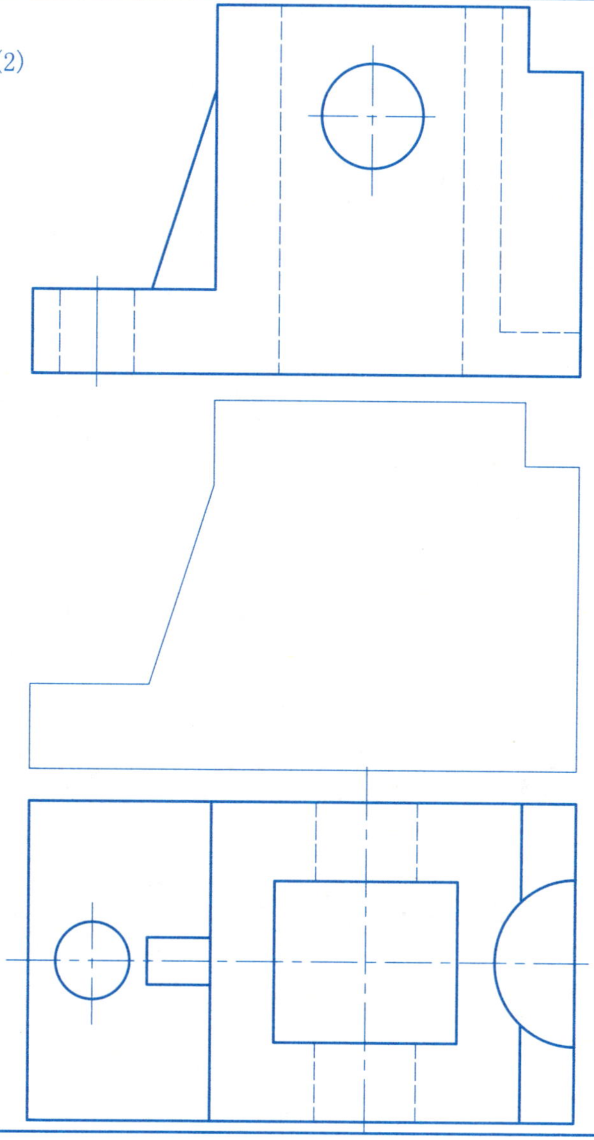

5-3 把主视图画成半剖视图。

(1)

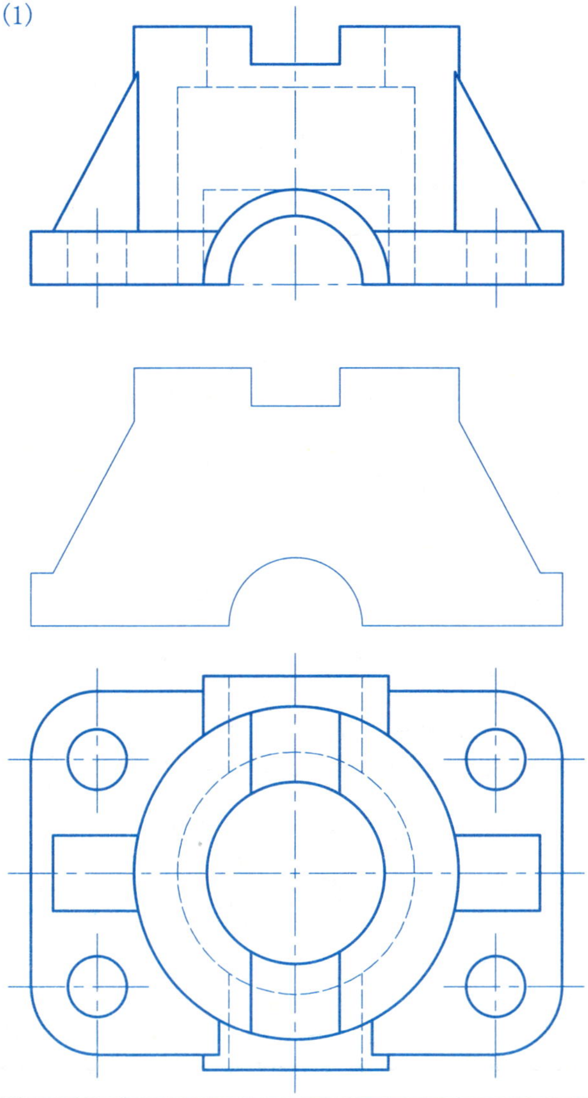

(2)

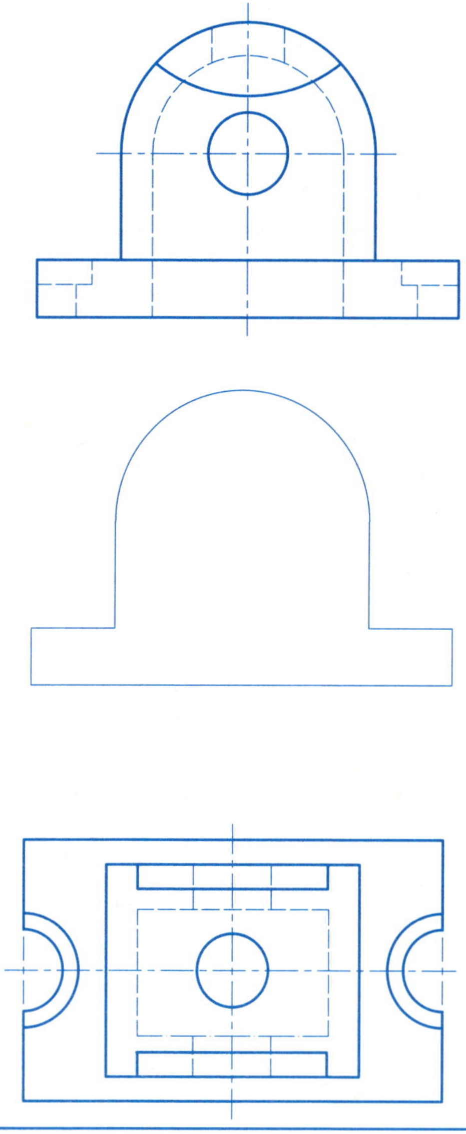

5-4　改正剖视图中的错误（将缺失的线补上，在多余的线上打“×”）。

(1)

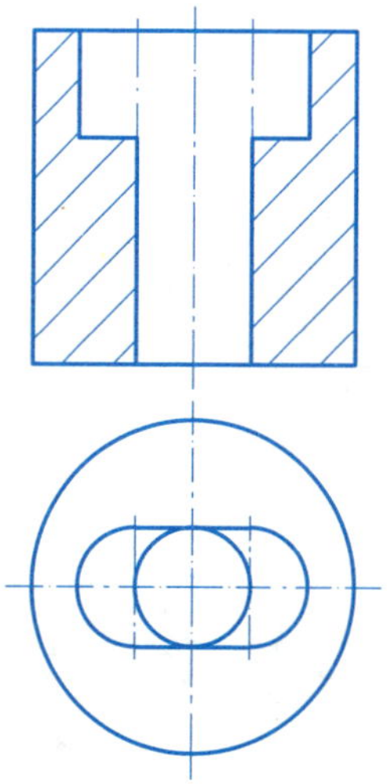

(2)

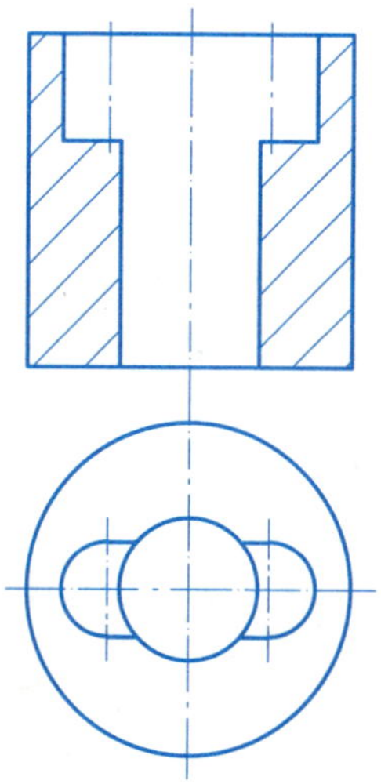

(3)

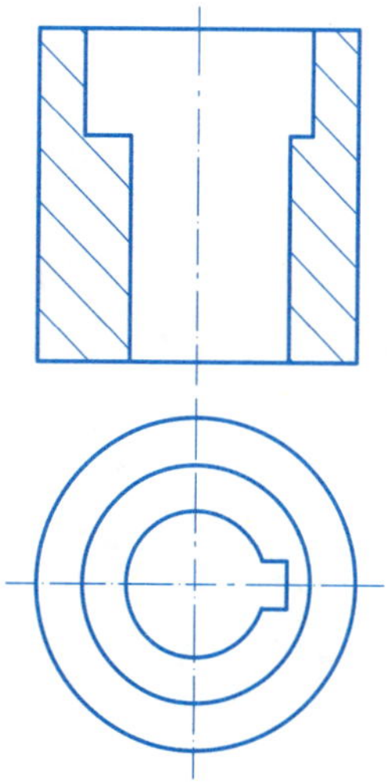

(4)

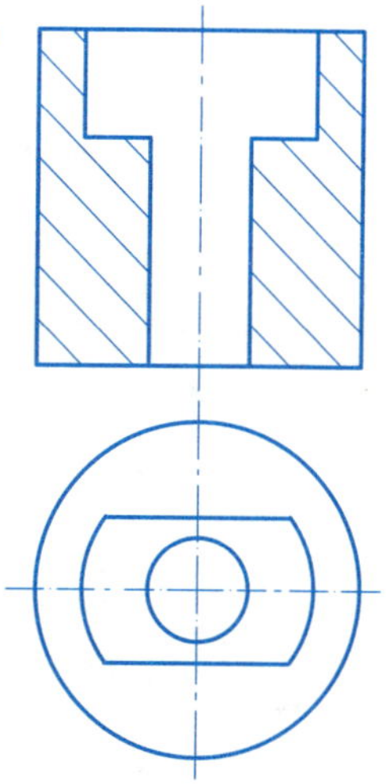

(5)

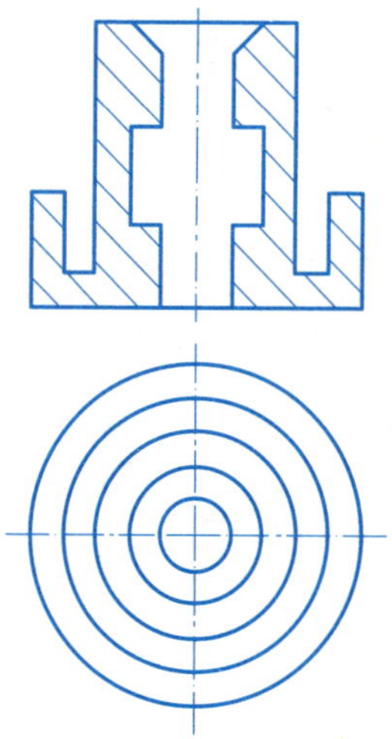

(6)

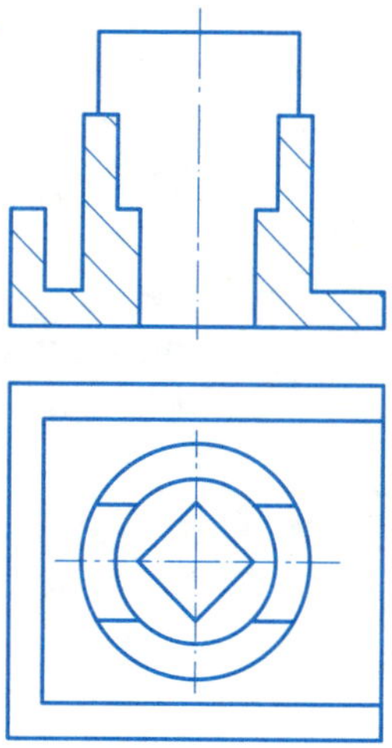

(7)

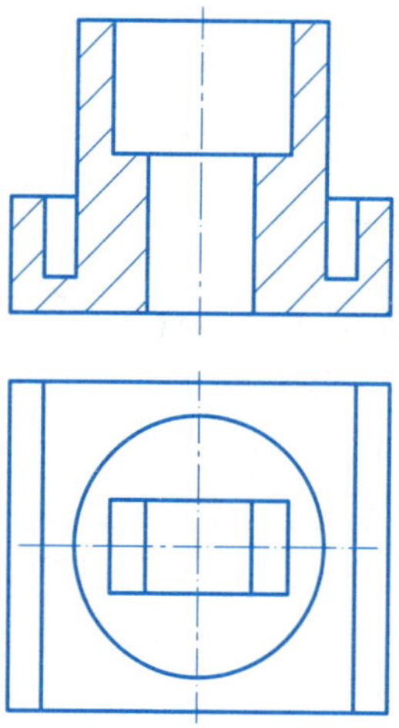

(8)

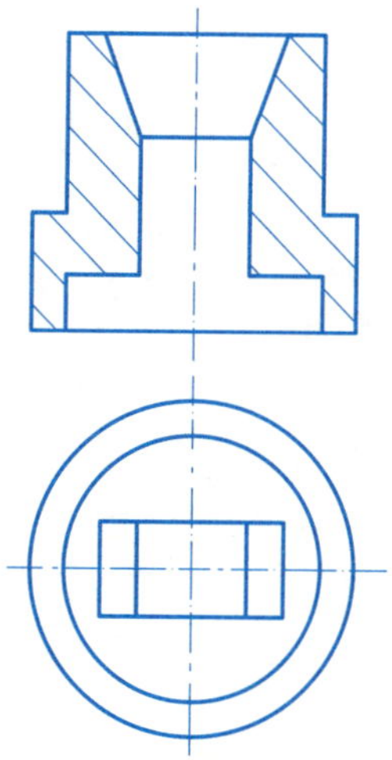

5-5 求作左视图（取半剖视图）。

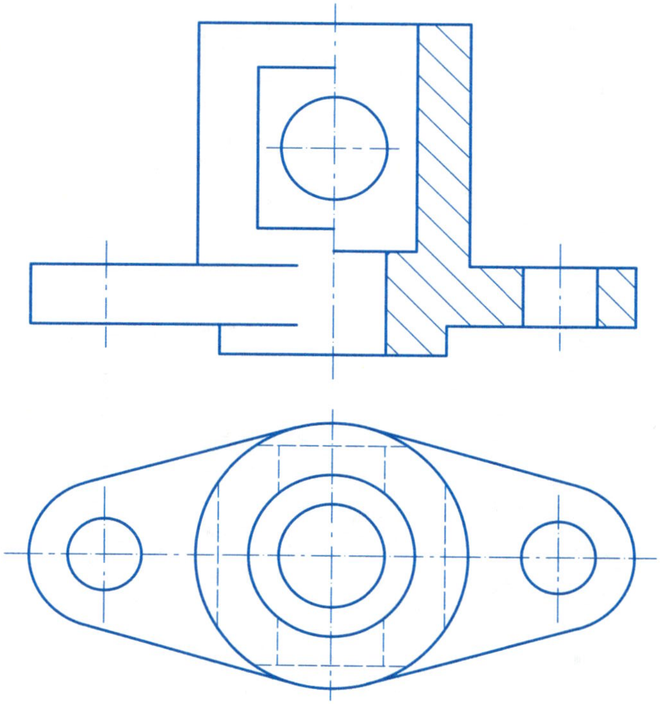

5-6 求作左视图（取半剖视图）。

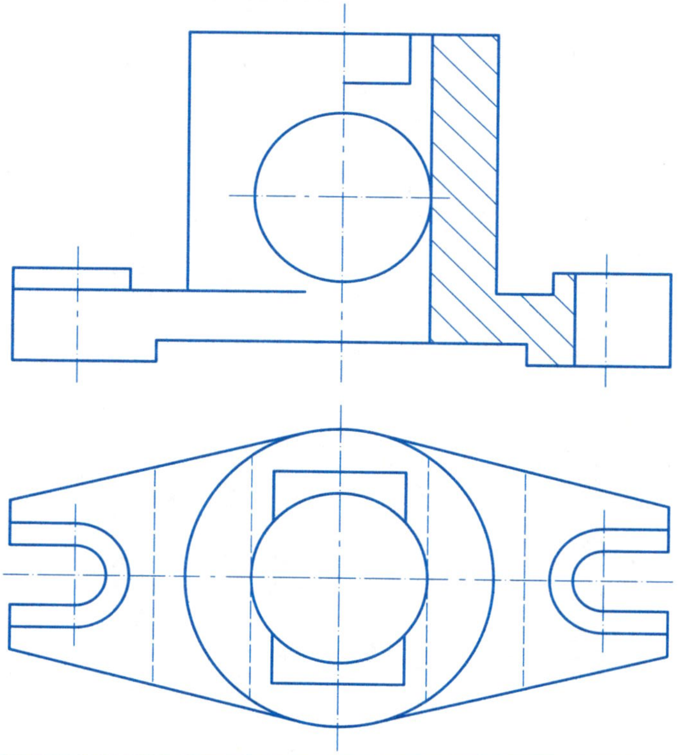

5-7　判断下列六组剖视图的画法是否正确（正确的打 √，错误的打×）。

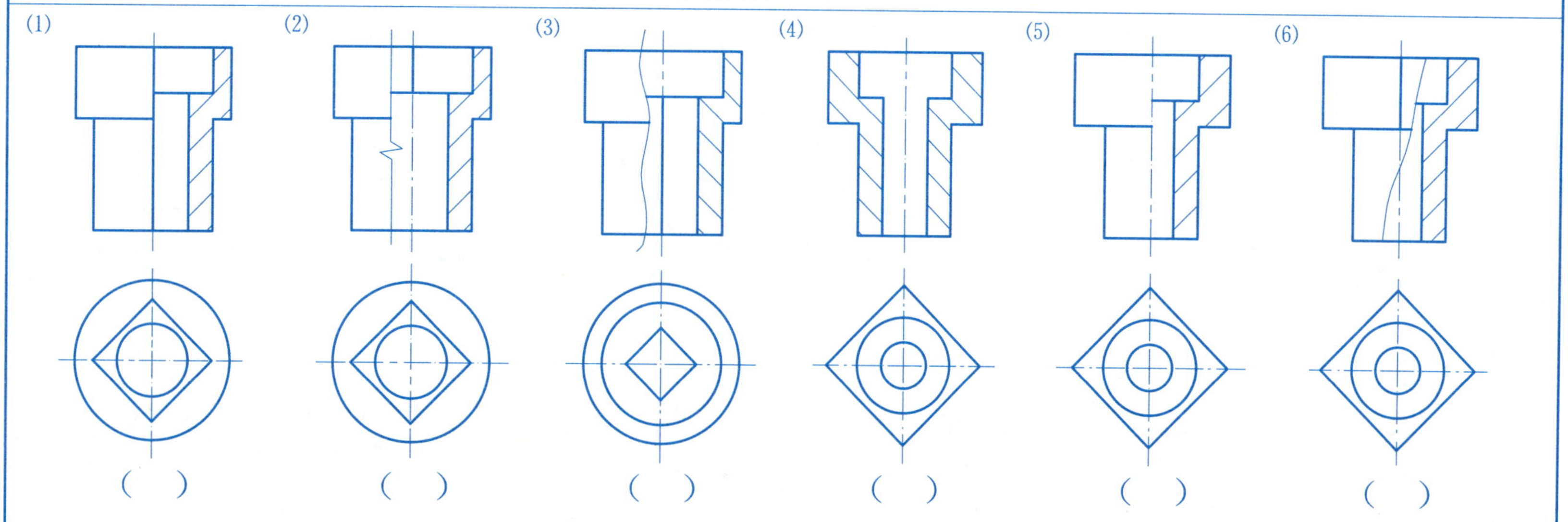

5-8　指出下列局部剖视图中的错误，将正确的画在下面。

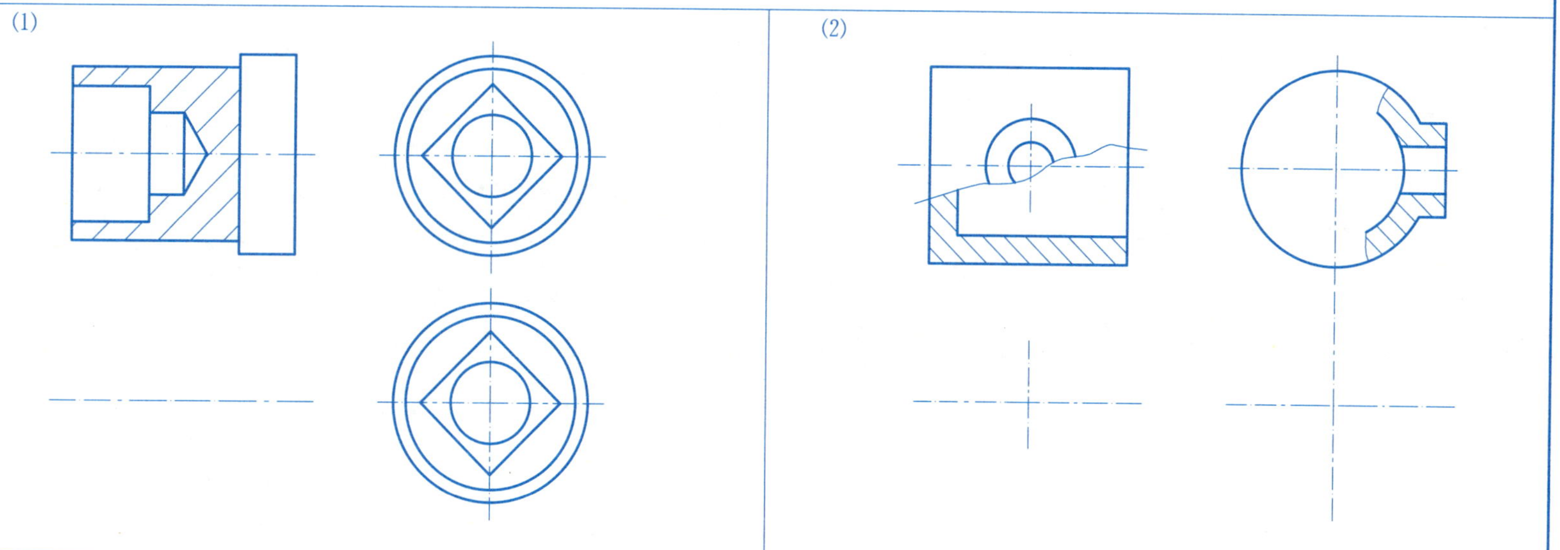

5-9 求作$A-A$剖视图并标注尺寸。

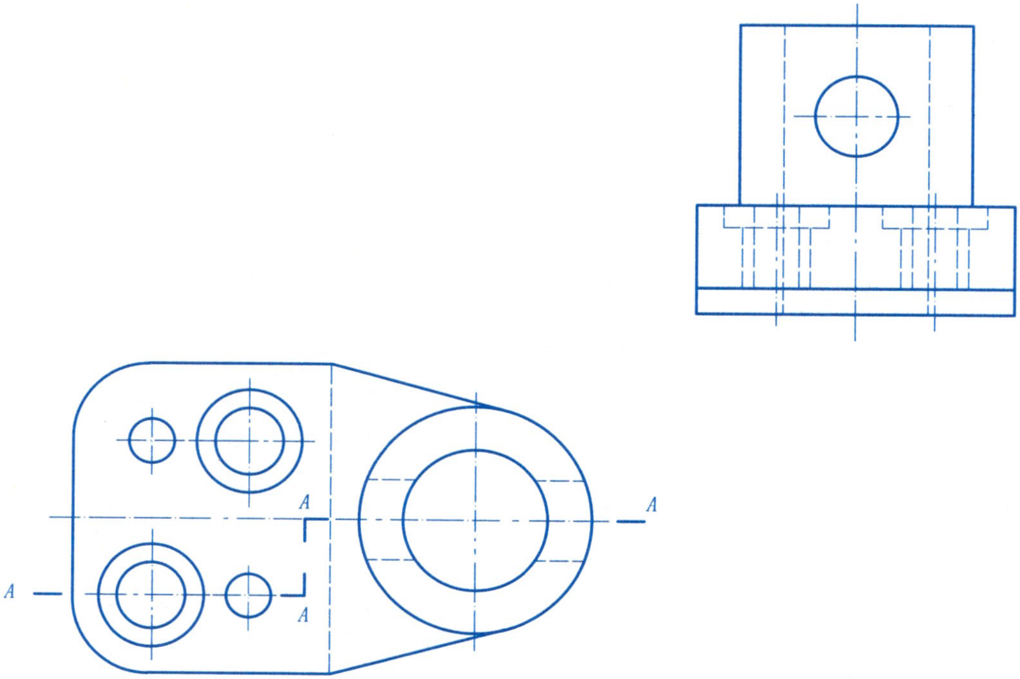

5-10 求作$A-A$剖视图并标注尺寸。

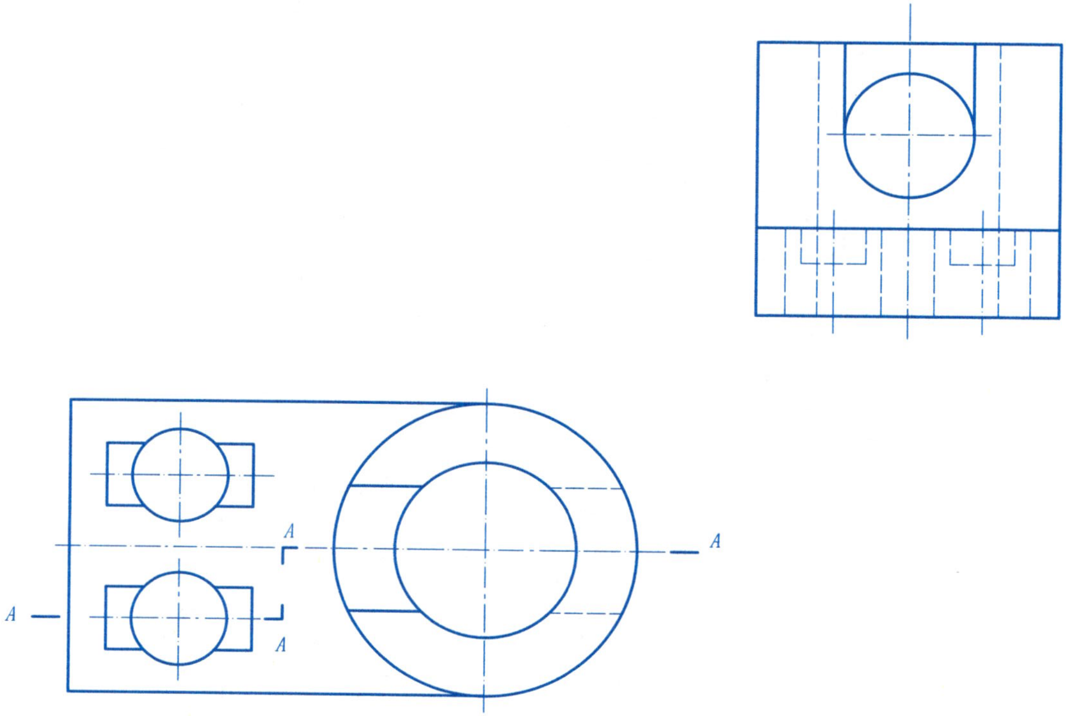

5-11　将主视图改画成适当的剖视图，并画出 B 向局部视图和 C 向斜视图及肋板的重合断面图(要求标注尺寸)。

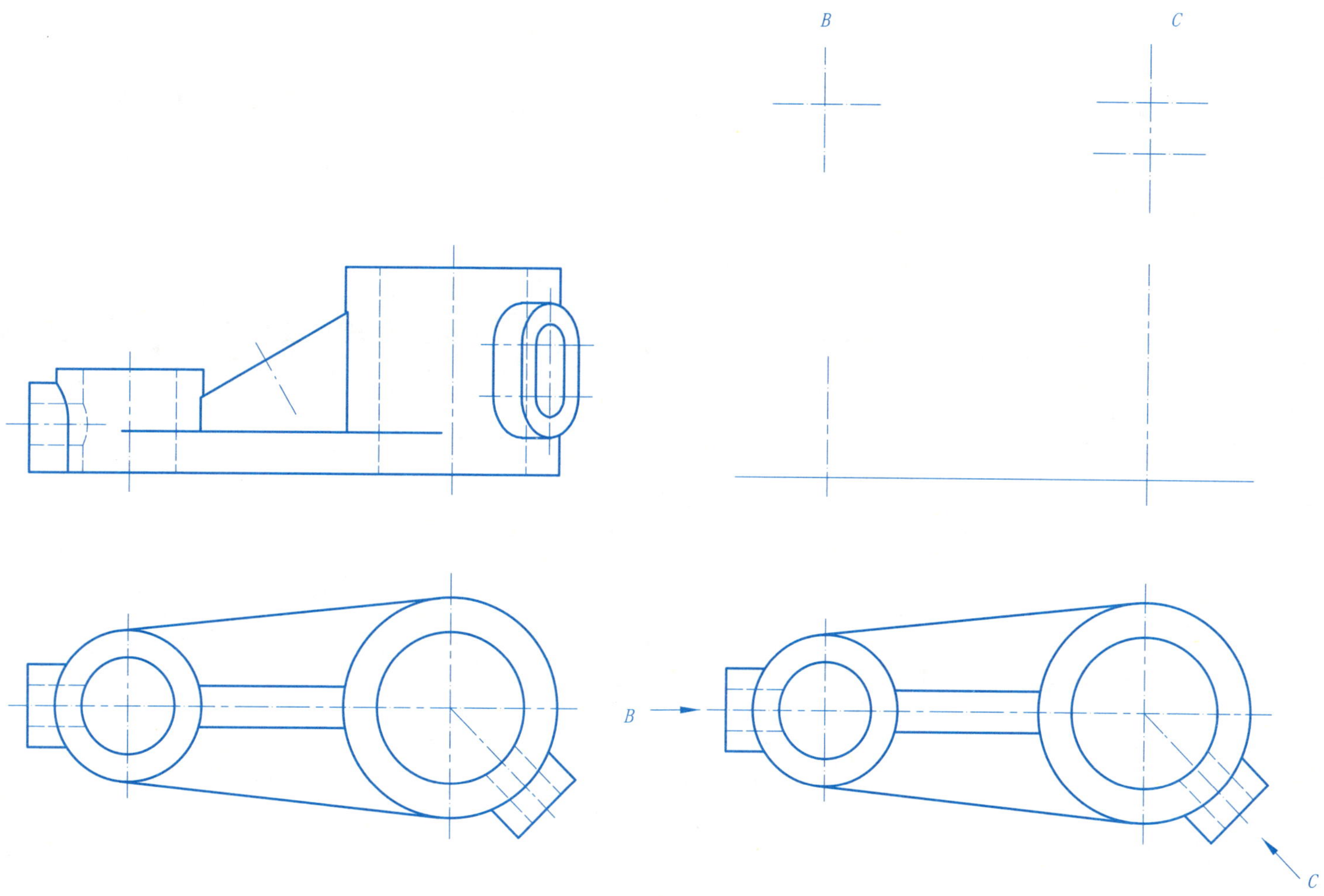

5-12　补全视图中缺失的线。

(1)

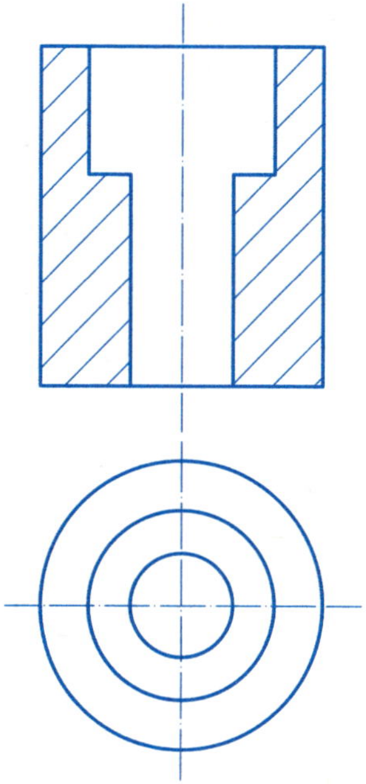

(2)

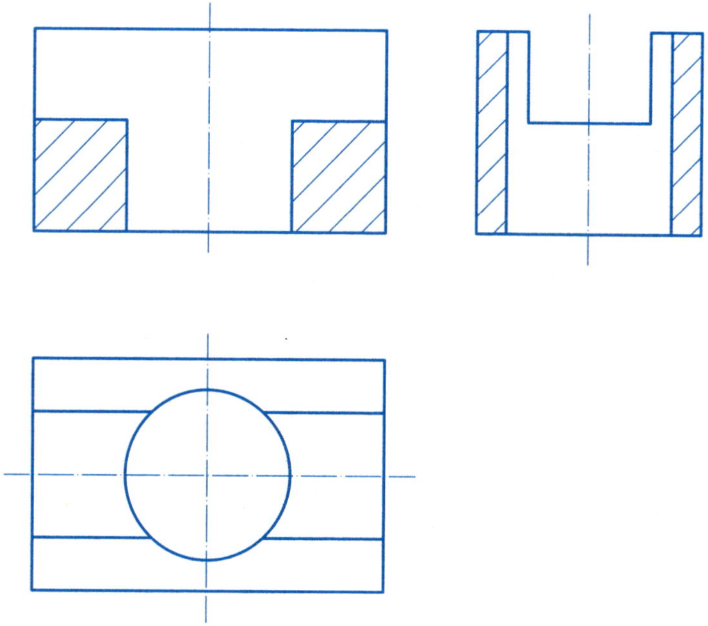

5-13　在视图下方的各断面图中选出正确的断面（在其选项号上打√），并在选定的断面图上方和视图中进行标注。

(1)

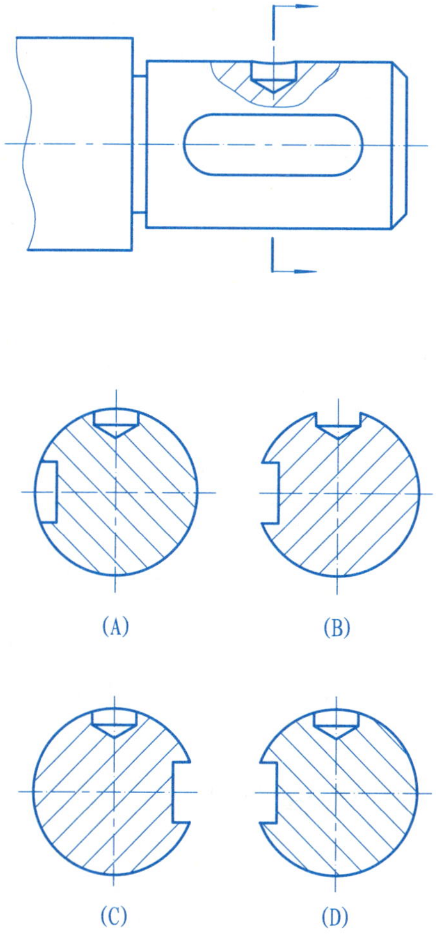

(2)

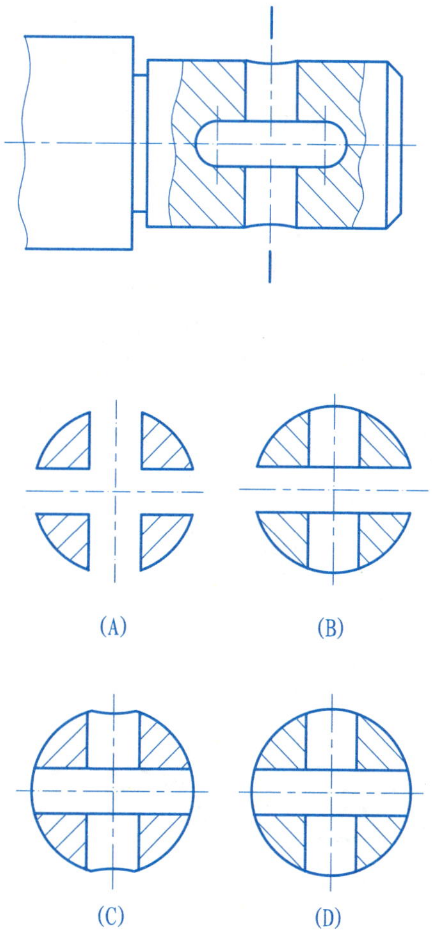

(3)

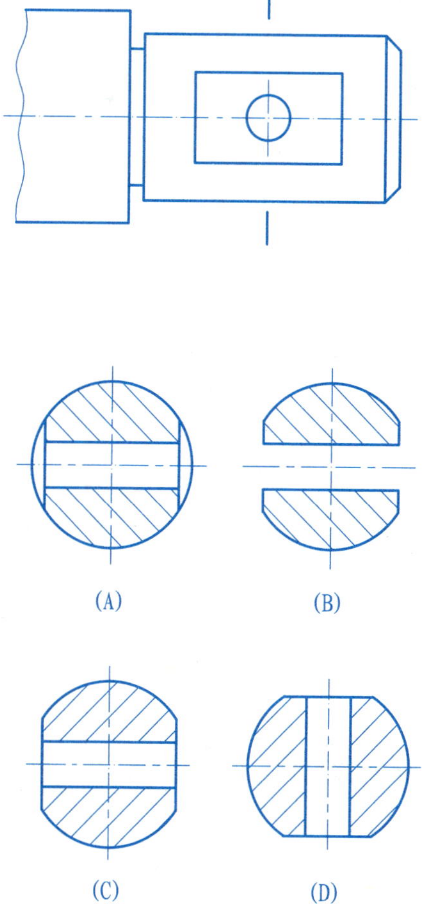

5-14　画出指定位置的断面图（左边键槽深度为 3 mm）。

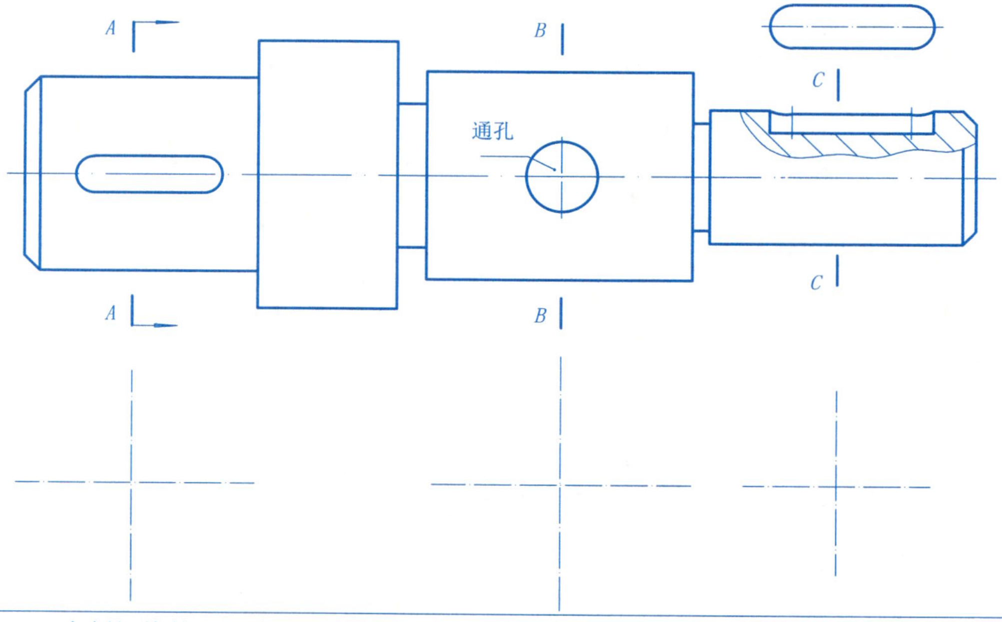

5-15　在剖切线的延长线上画出移出断面图。

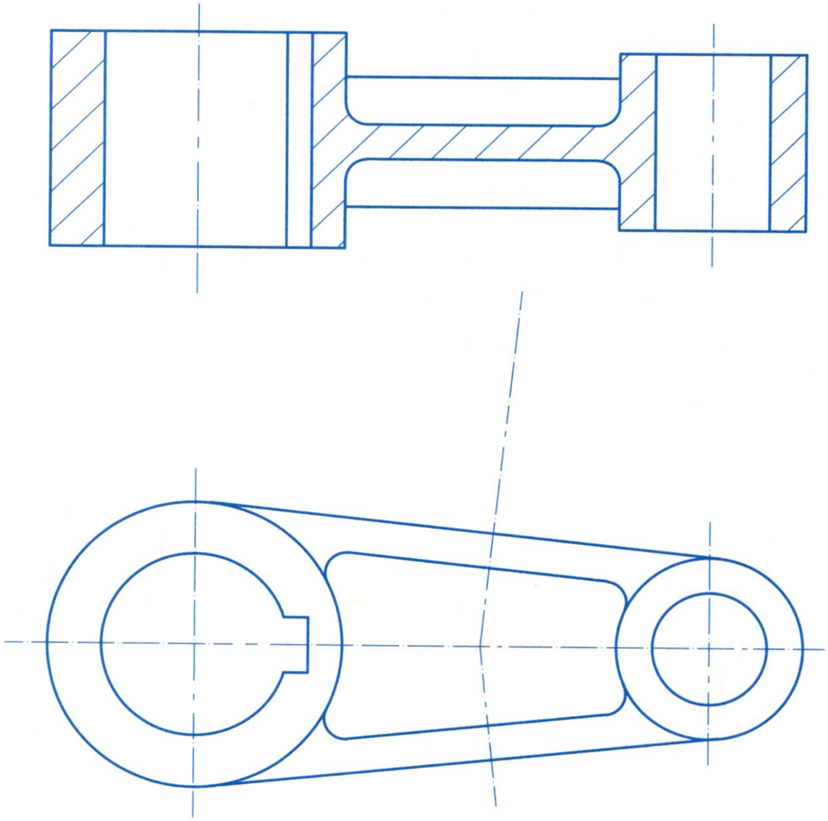

6-1　识别下列螺纹标记中各代号的意义，并填表。

螺 纹 标 记	螺 纹 种 类	螺纹大径	导 程	螺 距	线 数	中径公差带代号	旋 向
M20LH-6H							
M20×1.5-6g7g							
Tr40×14(P7)-8e							
G3/8							

6-2　检查螺纹画法中的错误，按正确画法画在下面。

(1)

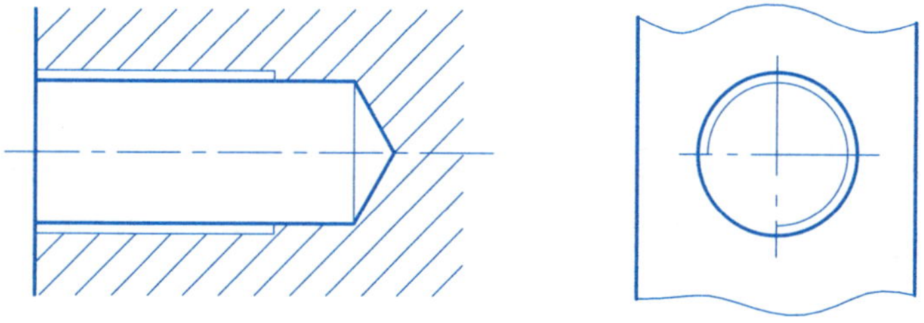

(2)

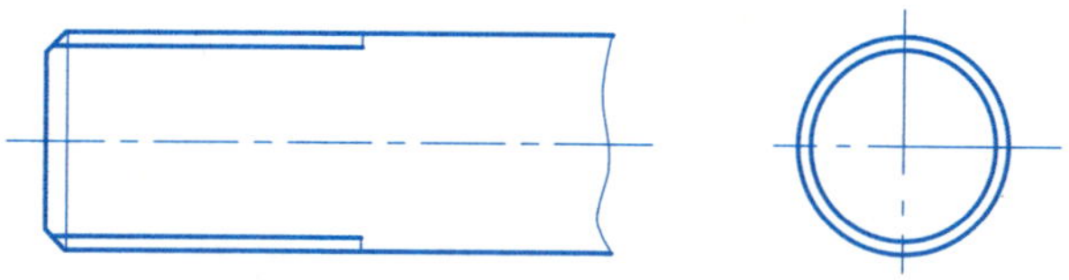

6-3 标注下列螺纹。

(1) 普通螺纹，粗牙，大径为16，螺距为2。中径、顶径公差带代号为5g，长旋合长度，右旋，在图上标出该螺纹的标记。

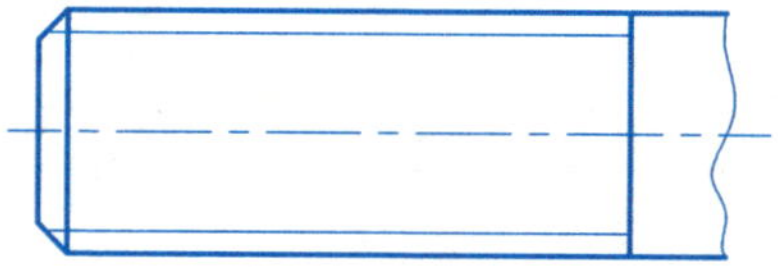

(2) 普通螺纹，粗牙，大径为16 mm，螺距为2 mm，中径公差带代号为6H，长旋合长度，右旋，在图上标出该螺纹标记。

6-4 检查图中画法的错误，按正确画法画在下面。

(1) 内、外螺纹连接

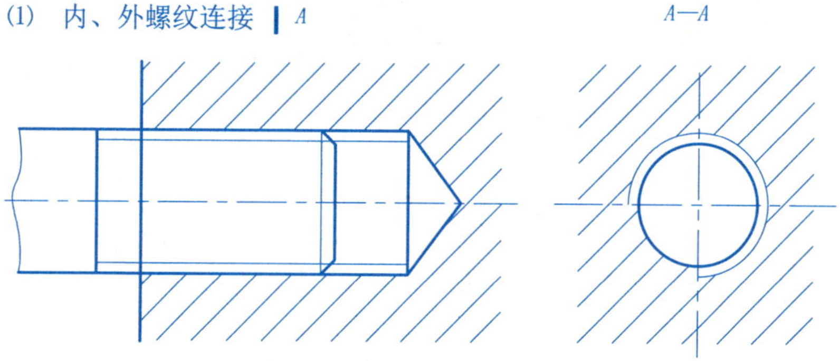

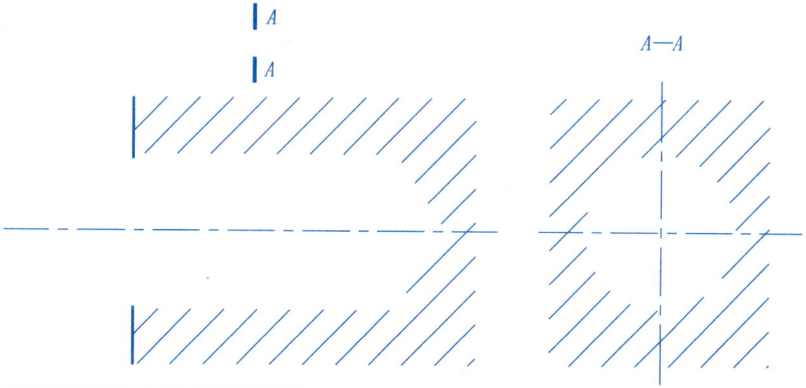

(2) 螺钉连接。

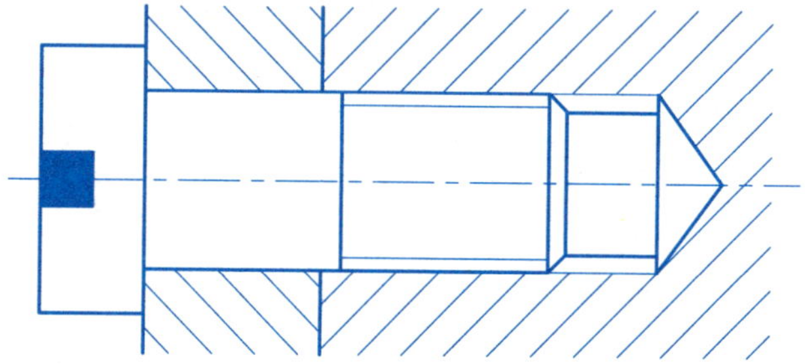

6-5 用螺栓 GB 5782 M12×l 连接两块钢板，已知板厚 $t_1=t_2=16$ mm，螺母 GB 6170 M12，垫圈 GB 97.1 12 ，用比例画法画螺栓连接装配图（画图比例1:1）。主视图取全剖，俯视图和左视图画外形。写出螺栓的正确标记（l计算后取标准值）。

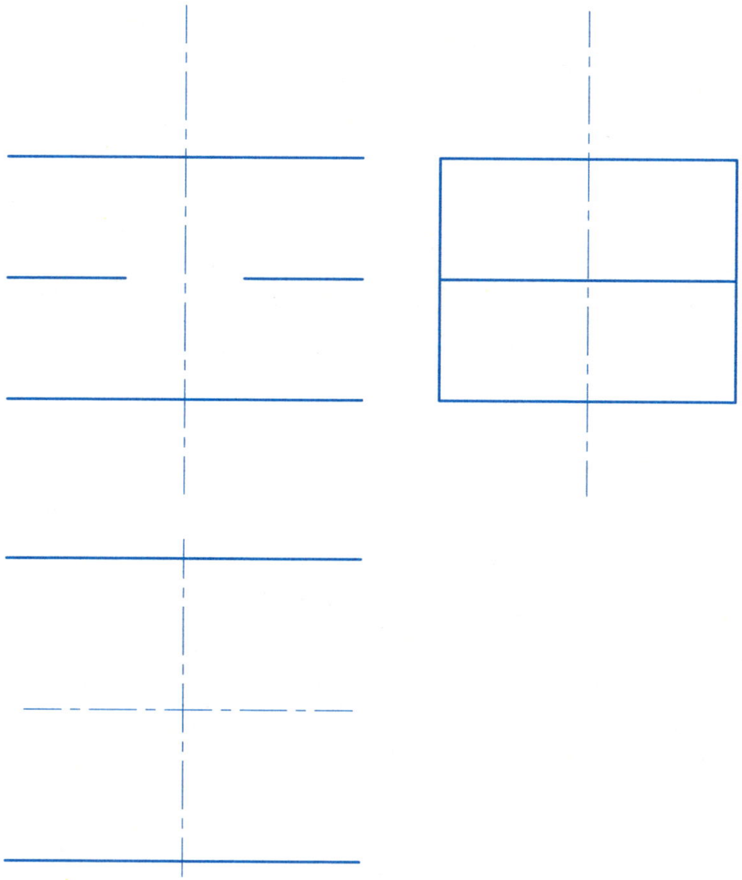

螺栓的标记:

6-6 用开槽沉头螺钉 GB 68 M8×l 连接零件1（板厚 t=12 mm）和零件2（材料为铸铁），用比例画法画螺钉连接装配图，主视图取全剖，俯视图画外形（画图比例2:1）。写出螺钉的正确标记（l计算后取标准值）。

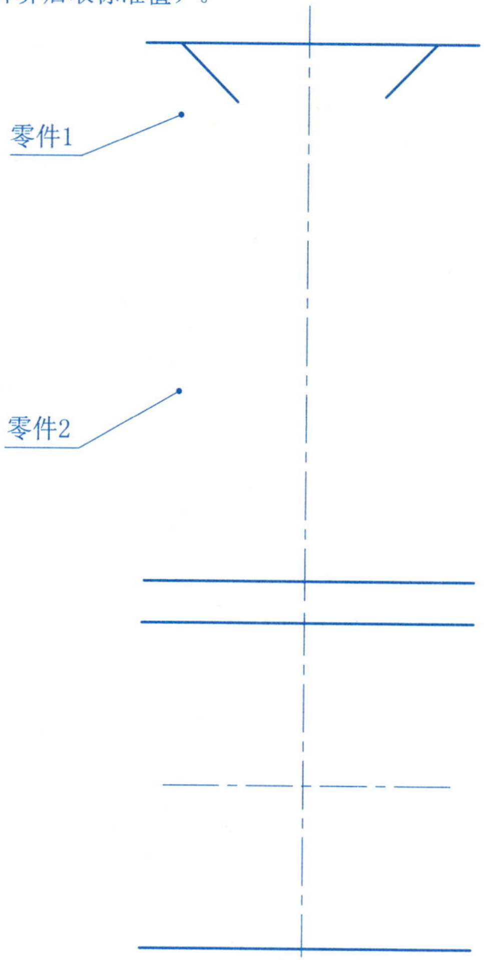

螺钉的标记:

6-7 图(A)为轴和齿轮的视图，画用普通平键（5×14 GB/T 1096）连接轴和齿轮的装配图（图(B)）。

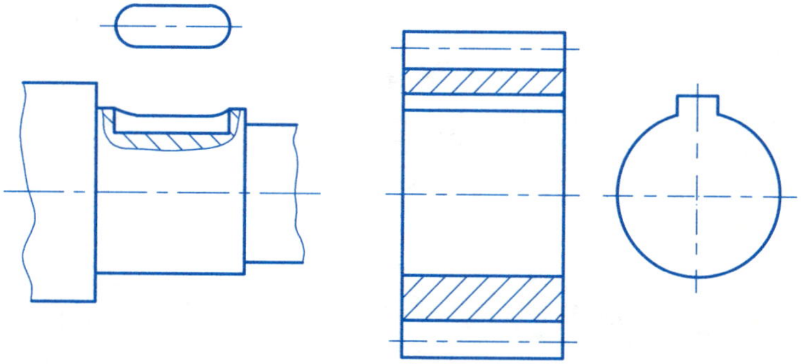

(A)

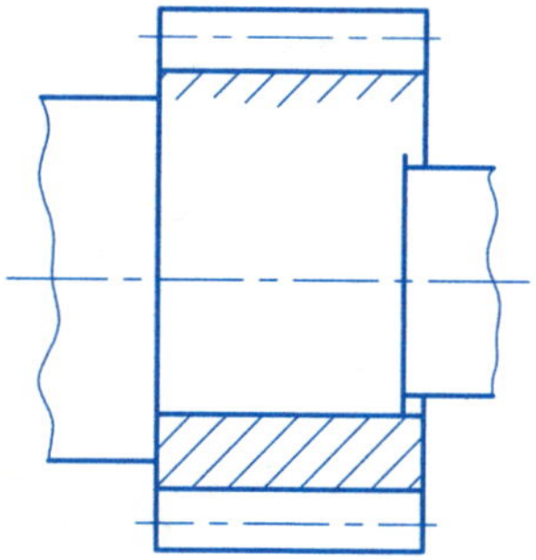

(B)

6-8 图(A)为轴、齿轮和销的视图，画用销（A5×30 GB/T 119.1）连接轴和齿轮的装配图（图(B)）。

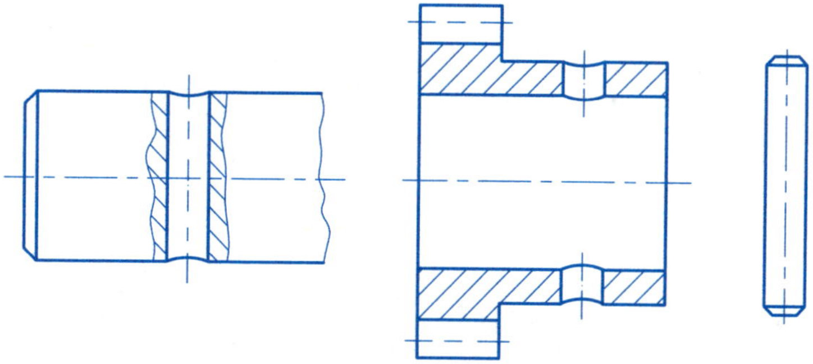

(A)

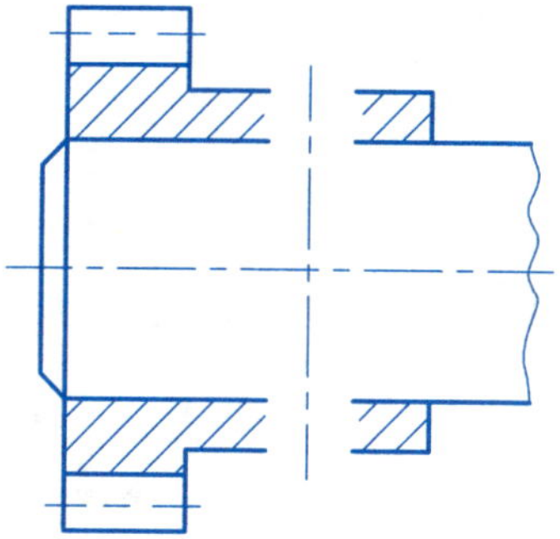

(B)

6-9 补全直齿圆柱齿轮的主视图，并标注尺寸（模数 m=3，齿数 z=34）。

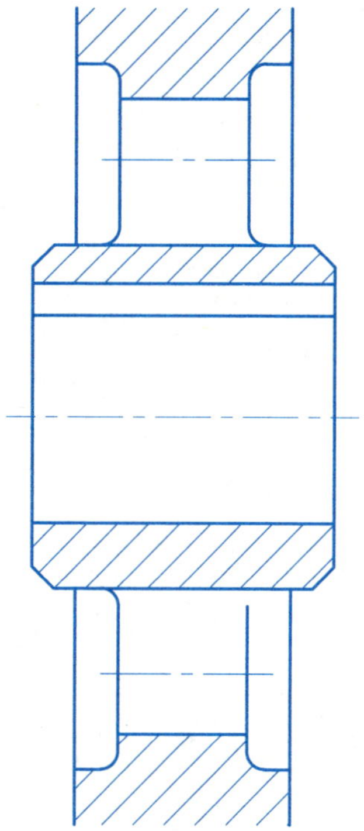

主视图

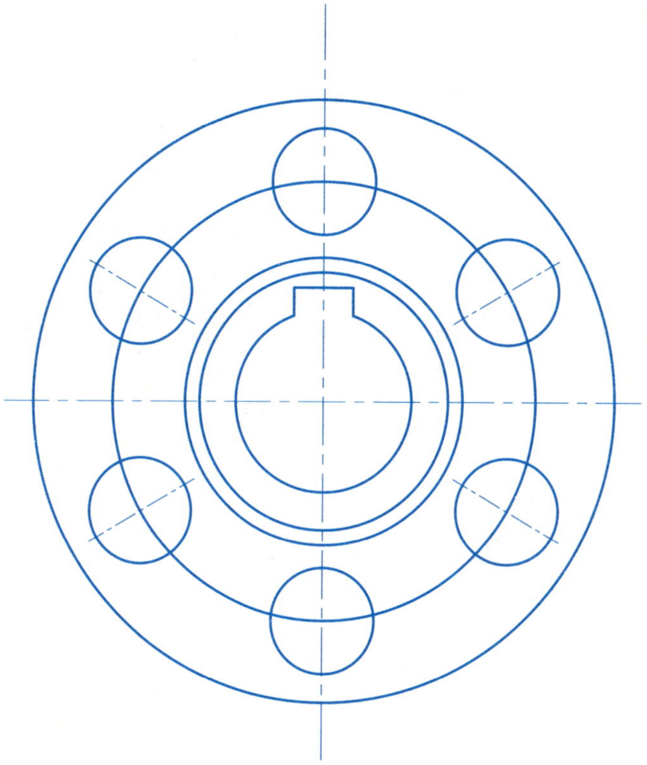

左视图

6-10　补全齿轮啮合的主视图和左视图。

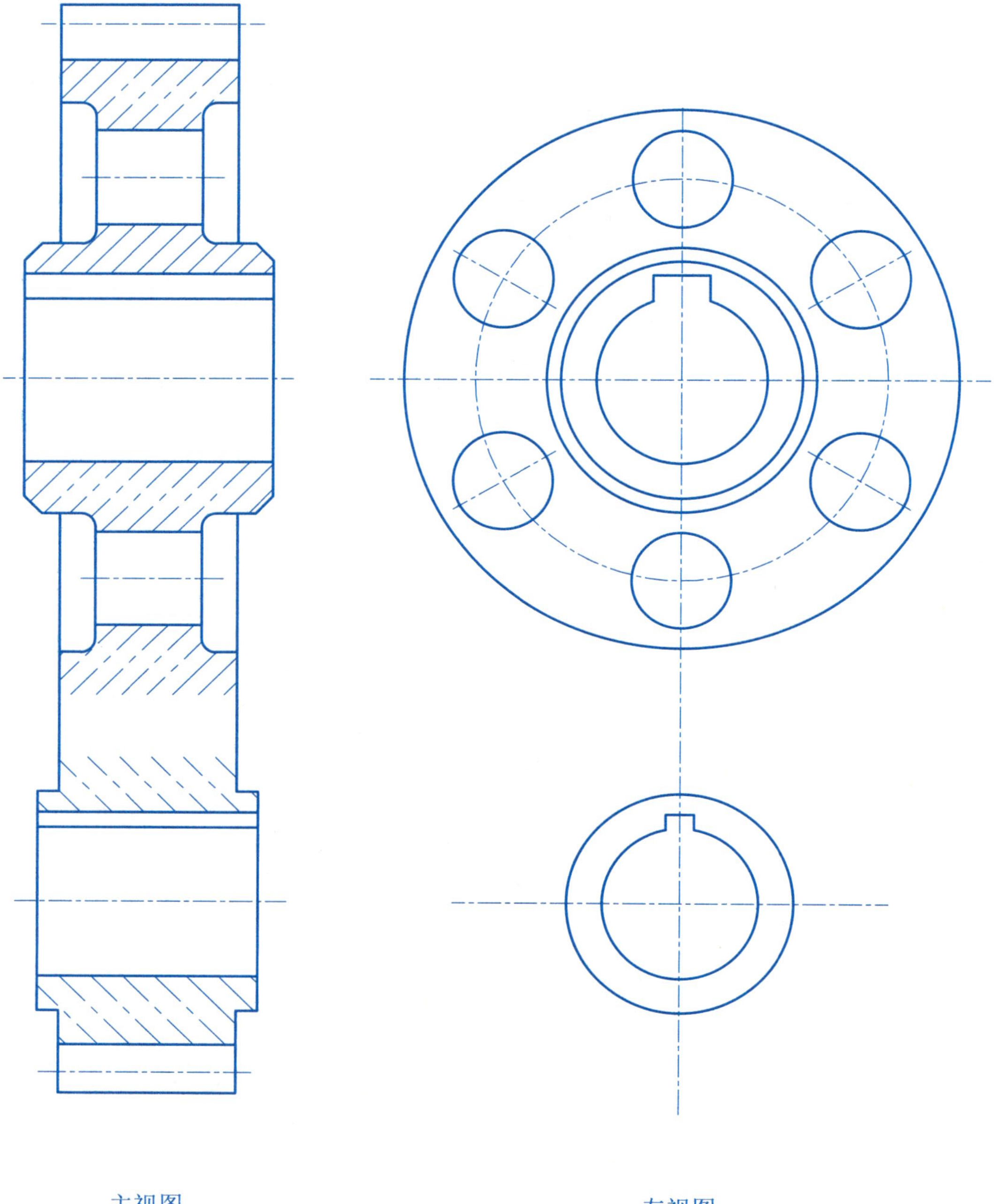

主视图

左视图

6-11 采用规定画法画出装配图中的球轴承（GB/T 292—2007）。

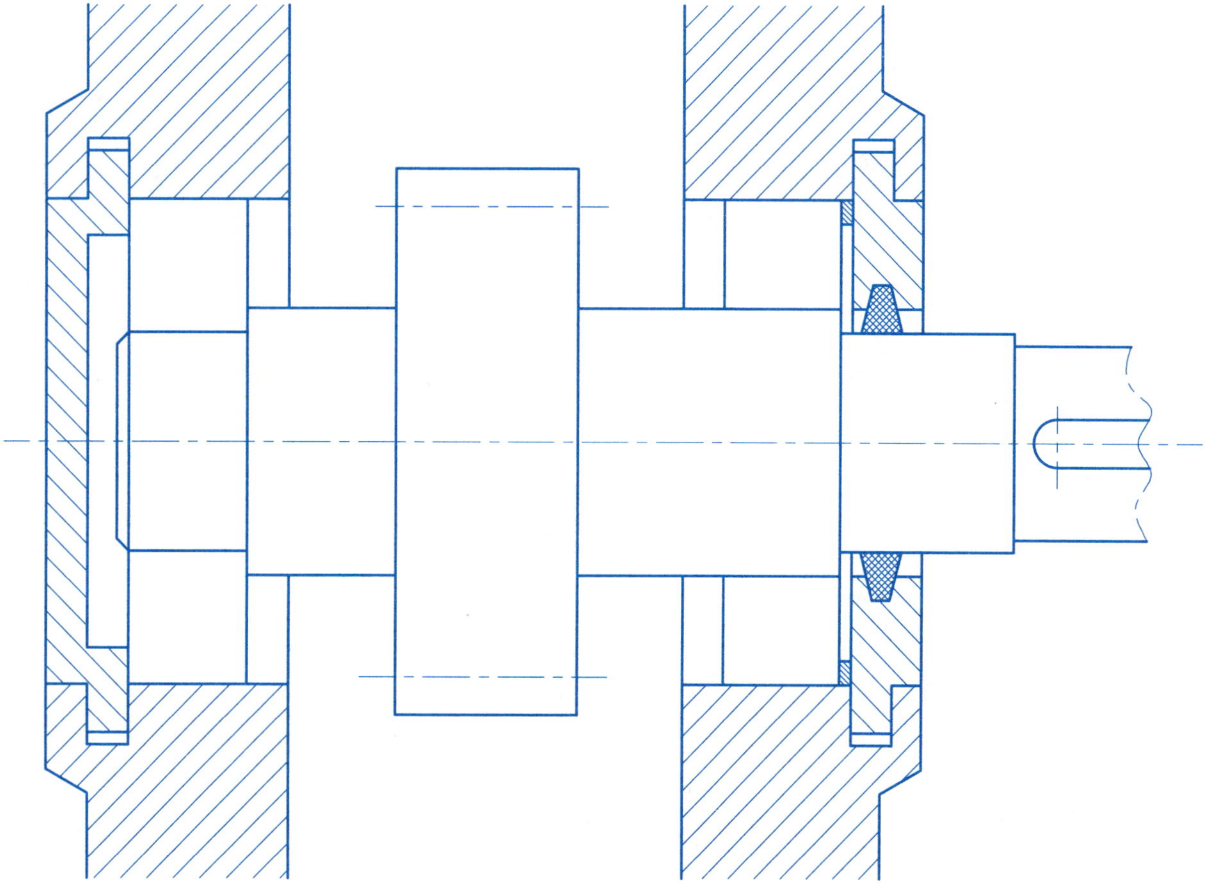

6-12 画出圆柱螺旋压缩弹簧的全剖视图，并标注尺寸。其主要参数为：外径 ϕ60，簧丝直径ϕ8，节距15 mm，有效圈数7.5，总圈数10，右旋。

7-1　画座盖的零件图（A3图幅，比例1:1）。
材料:HT150

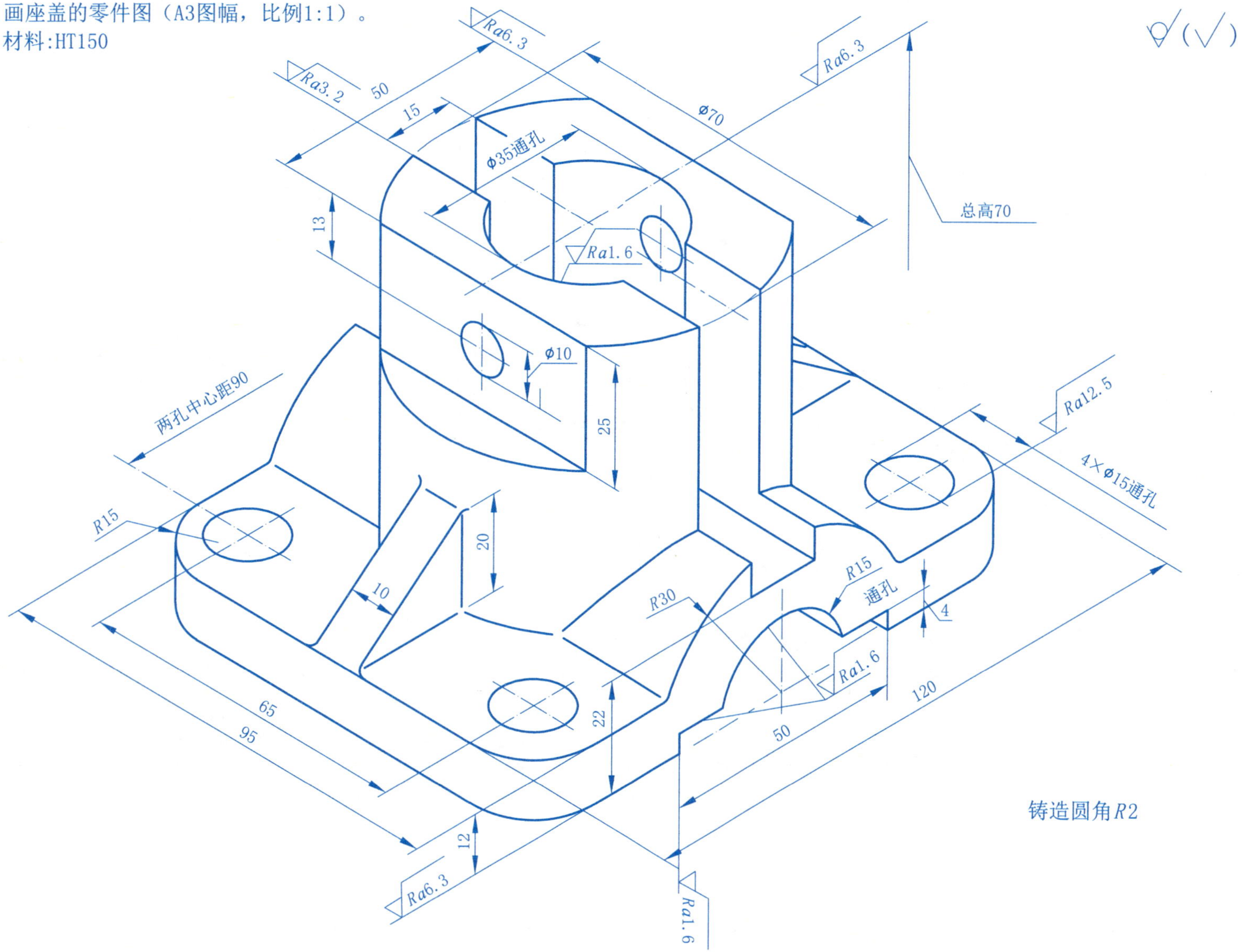

铸造圆角R2

7-2　检查粗糙度代号注法上的错误，在右图中正确标注。

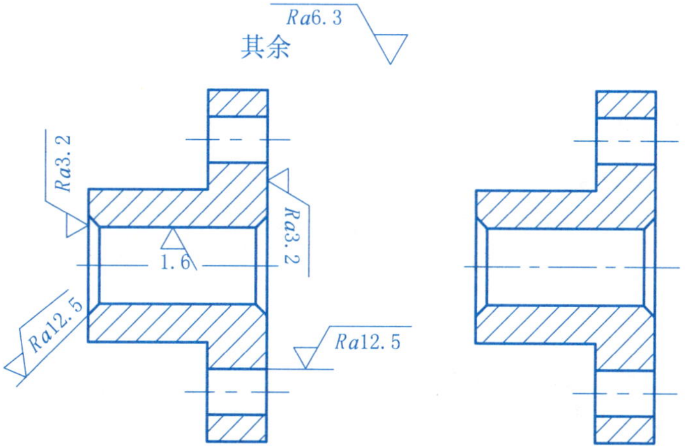

7-3

(1)　根据配合尺寸φ20H8/k7中各符号的具体含义填表。

配合尺寸	配合制	配合种类	基本偏差代号		标准公差等级	
$\phi 20\frac{H8}{k7}$			孔		孔	
			轴		轴	

(2)　说明配合尺寸φ20H7/f6中各符号的具体含义。

$\phi 20\frac{H7}{f6}$	φ20	H7	f6

7-4　根据零件图（A）、（B）、（C），标注其装配图（D）的配合尺寸。

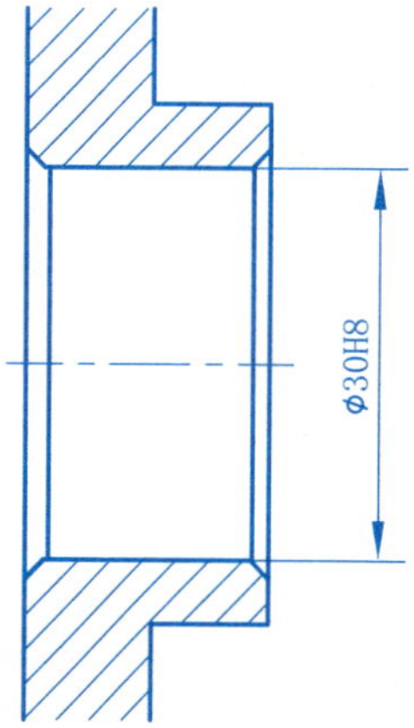

(A)

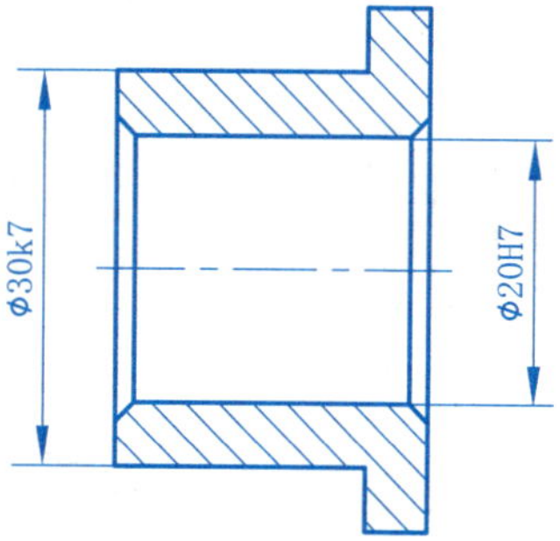

(B)

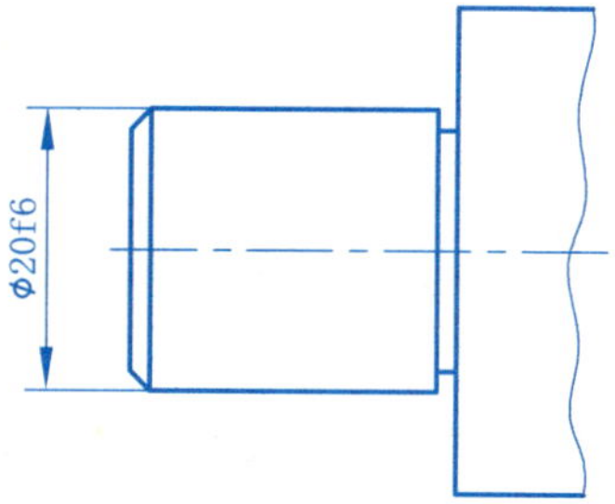

(C)

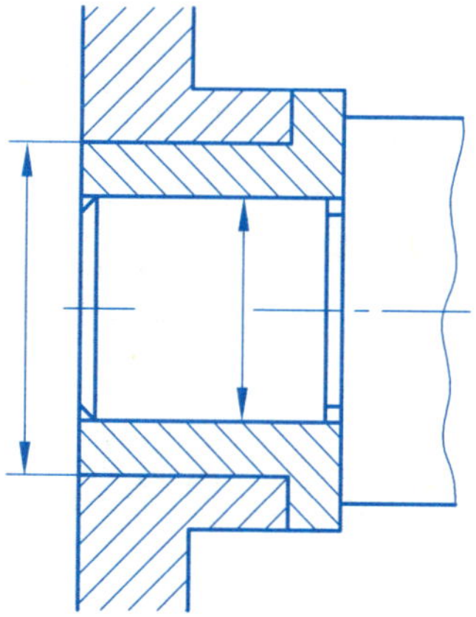

(D)

7-5 根据装配图(A)中的配合尺寸，分别在零件图(B)、(C)、(D)上标注其基本尺寸、公差带代号及极限偏差数值。

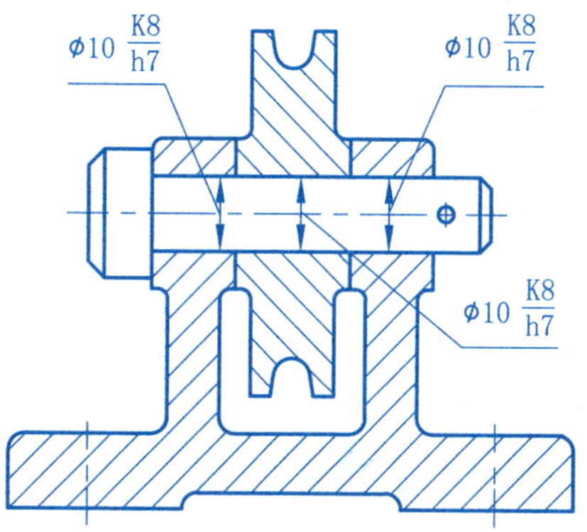

(A)

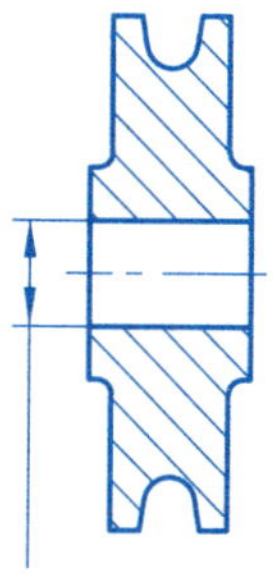

(B)

(C)

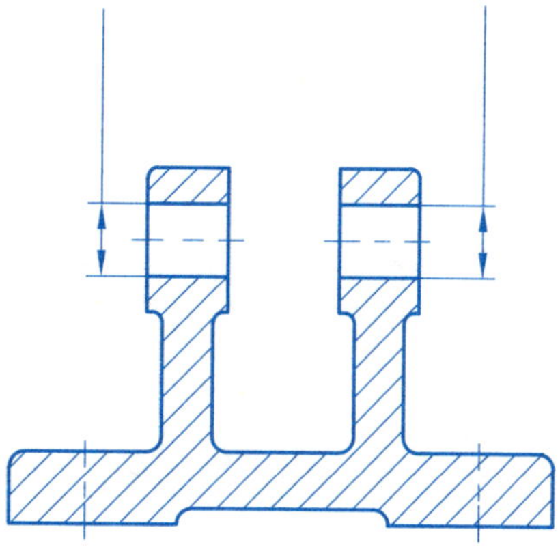

(D)

7-6 滑块与导轨的基本尺寸是24，采用基孔制间隙配合，标准公差等级均为IT8，滑块的基本偏差代号为e。在装配图(A)中标注滑块与导轨的配合尺寸，并分别在零件图(B)、(C)上标注基本尺寸、公差带代号及极限偏差数值。

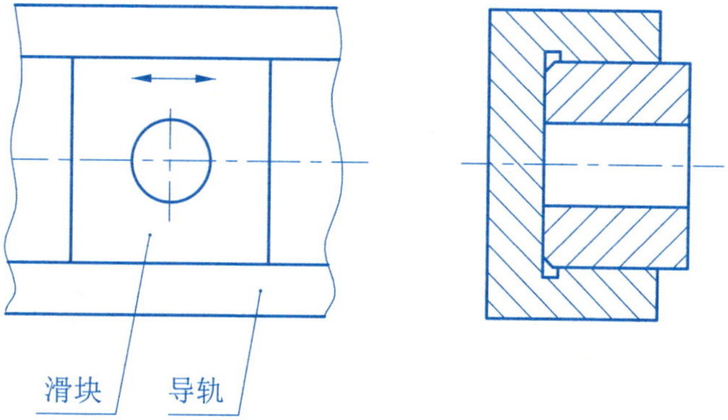

(A)

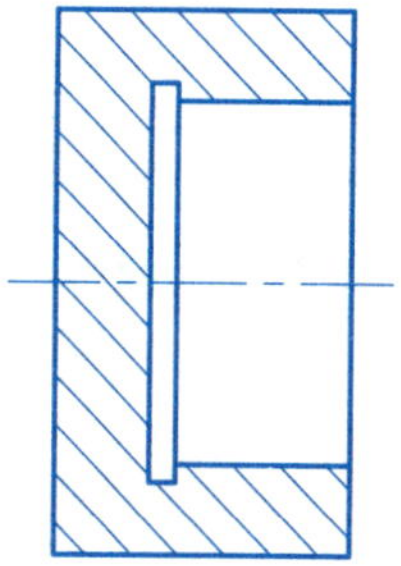

(B)

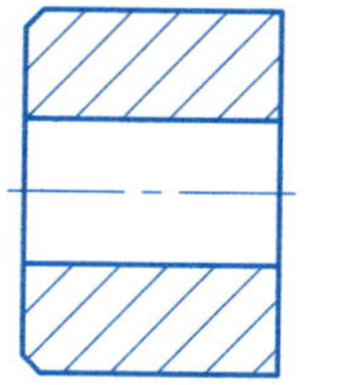

(C)

7-7 看懂输出轴零件图(见下页)，回答下列问题。

1. 零件上ϕ50n6的这段长度为______，表面粗糙度代号为______。

2. 轴上平键的长度为______，宽度为______，深度为______。

3. M22×1.5-6g的含义是______________________________。

4. 图上尺寸22×22的含义是______________________________。

5. ϕ50n6的含义：基本尺寸为______，公差等级为______，______配合的非基准轴的尺寸及公差带标注，其偏差值为______。

6. | ◎ | ϕ0.03 | A-B | 的含义：被测要素为______，基准要素为______，公差项目为______，公差值为______。

7. 在图上指定位置画出C-C移出剖面。

输出轴零件图

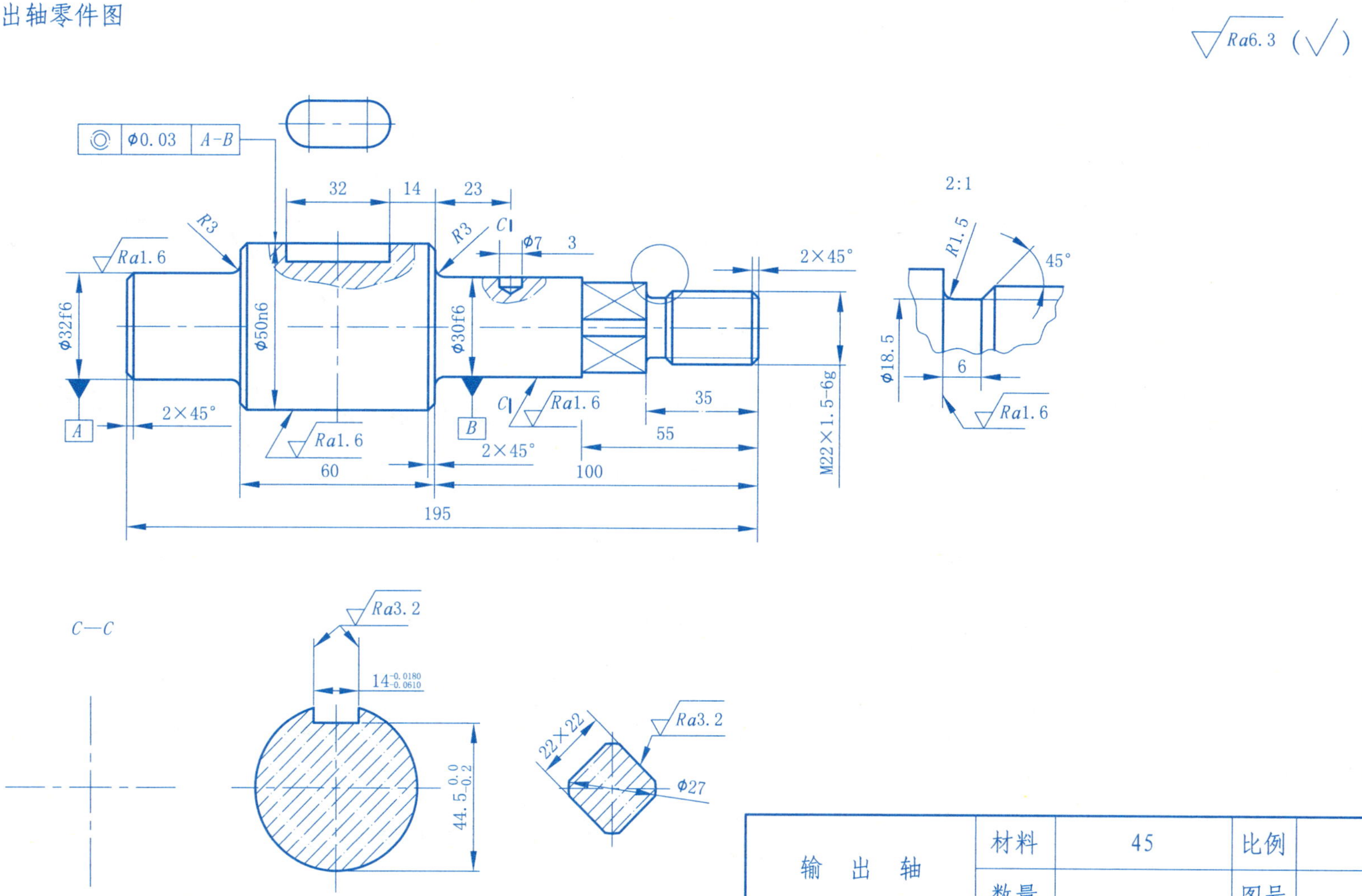

输　出　轴		材料	45	比例	
		数量		图号	
制图		（校名） （班号）			
审核					

8-1　根据行程开关示意图和零件图,拼画装配图（采用A3图纸，比例4：1）。

工作原理:

行程开关是气动控制系统中的位置检测元件，它能将机械运动瞬时转变为气动控制信号。

在非工作情况下，阀芯1在弹簧力的作用下，使发信口与气源口之间的通道封闭，而与泄流口接通。在工作时，阀芯在外力作用下，克服弹簧力的阻力下移，打开发信通道，封闭泄流口，有信号输出。外力消失，阀芯复位。

零 件 目 录

序 号	名　称	材　料	数　量	备　注
1	阀芯	45	1	
2	螺母	H62	2	
3	O形密封圈	橡胶	1	
4	阀体	H62	1	
5	O形密封圈	橡胶	1	
6	弹簧	65Mn	1	
7	O形密封圈	橡胶	1	
8	端盖	H62	1	
9	管接头	H62	2	
10	O形密封圈	橡胶	2	

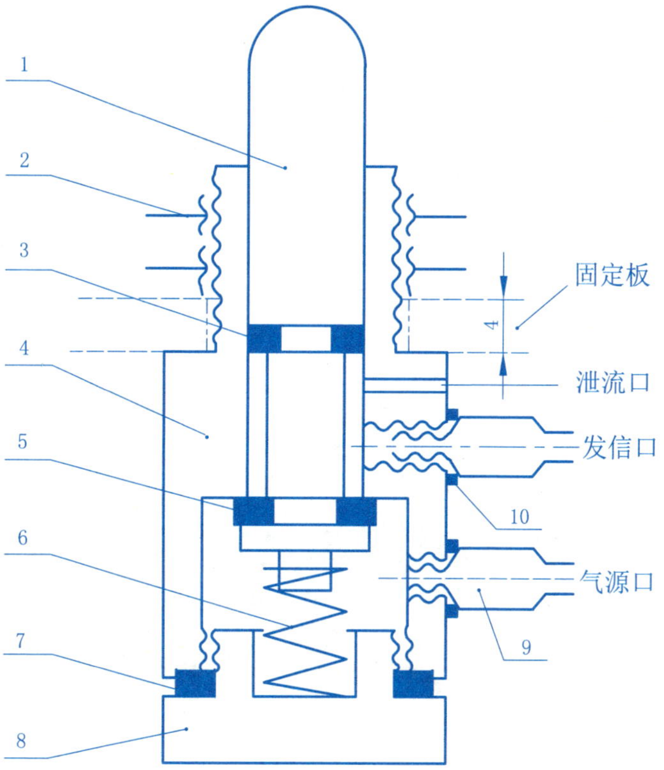

行程开关装配示意图

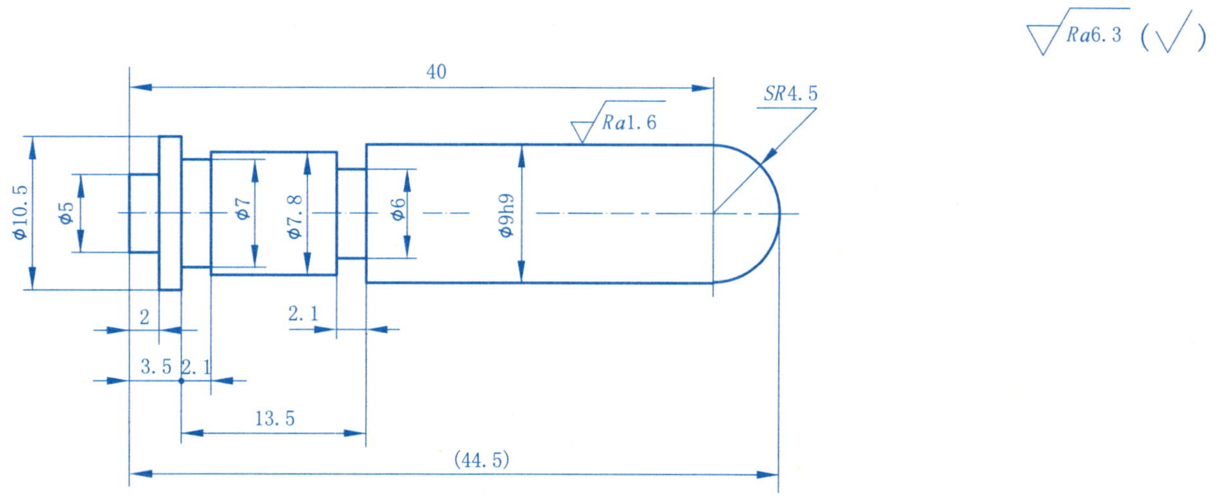

1	阀　芯	1	45	2∶1

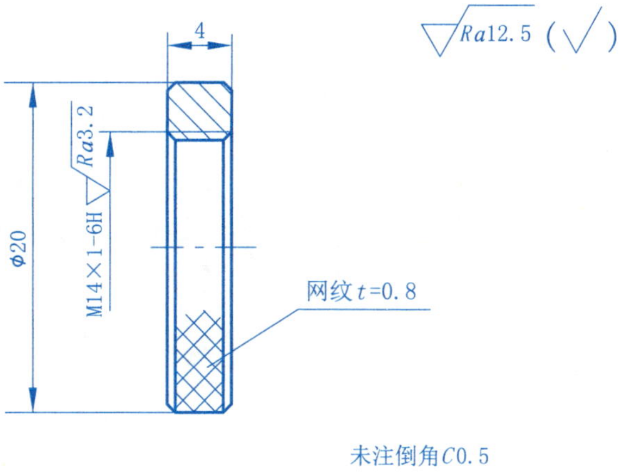

2	螺　　母	2	H62	2∶1

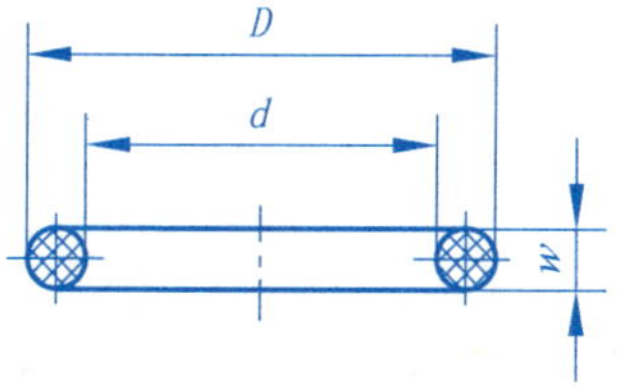

序 号	3	5	7	10
D	φ9	φ11	φ18	φ6
d	φ6	φ8	φ14	φ3
w	φ1.9	φ1.9	φ2.4	φ1.9

3, 5, 7, 10	O形密封圈	5	橡 胶	2∶1

展开长度	170
旋　　向	右旋
有效圈数	n=6.5
总 圈 数	n_1=9

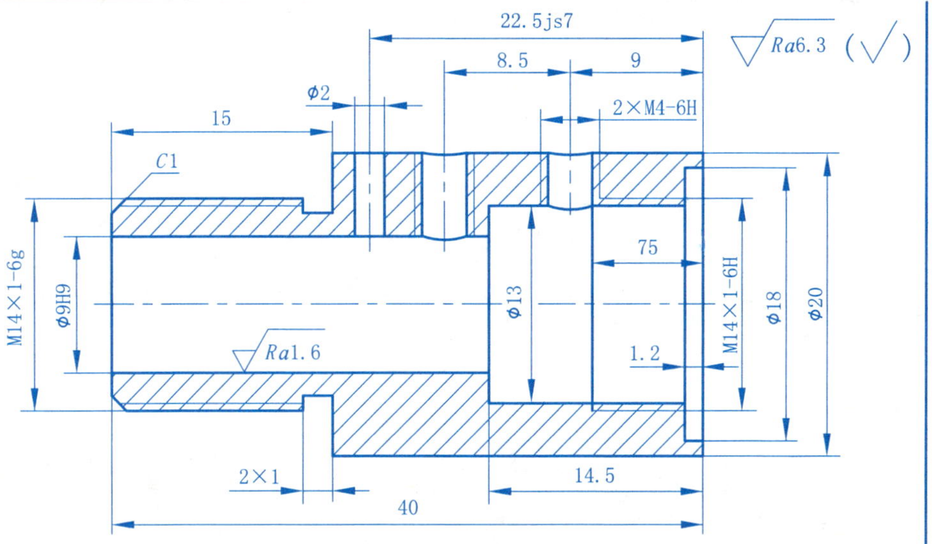

4	阀　体	1	H62	2∶1

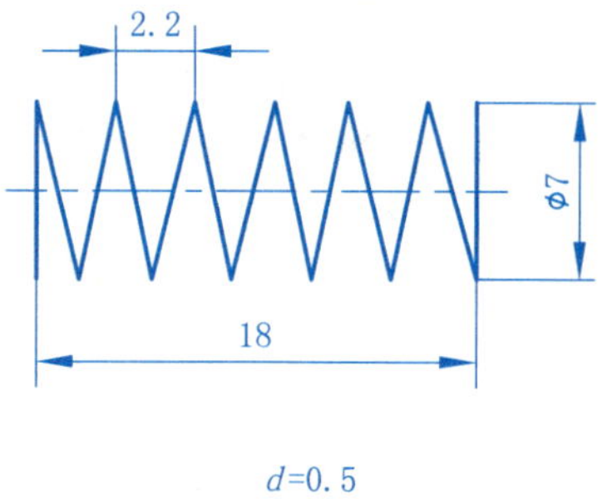

6	弹　簧	1	65Mn	2∶1

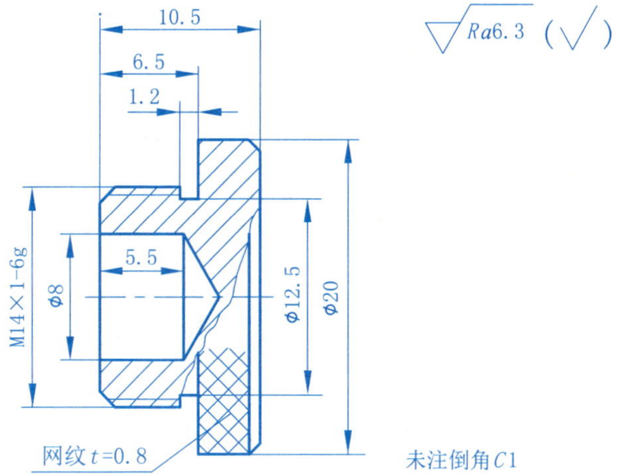

8	端　盖	1	H62	2∶1

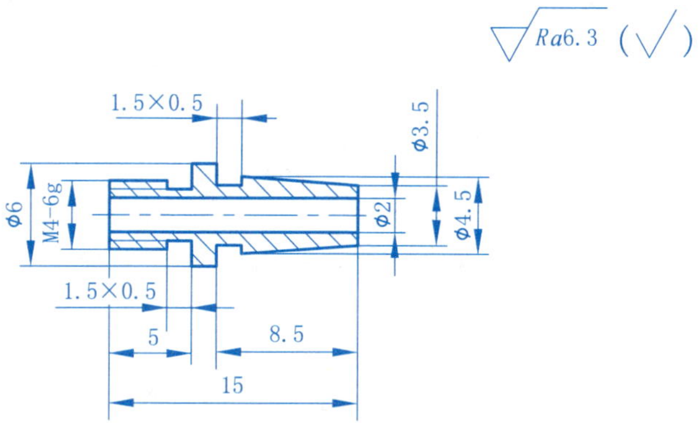

9	管接头	2	H62	2∶1

8-2　根据定位器示意图和零件图，拼画装配图(A3图幅，比例4∶1)。

工作原理：

定位器安装在仪器的机箱内壁上。工作时定位轴1的一端插入被固定零件的孔中，当该零件需要变换位置时，应拉动把手6，将定位器从该零件的孔中拉出，松开把手后，弹簧4使定位轴恢复原位。

定位器装配示意图

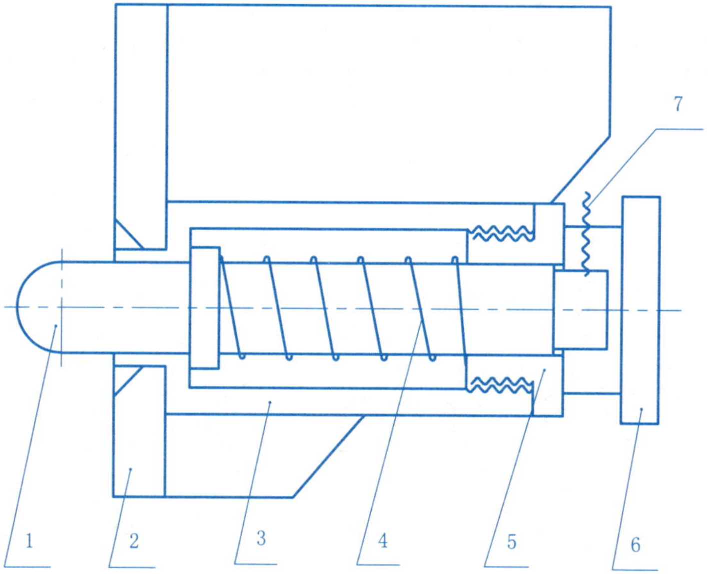

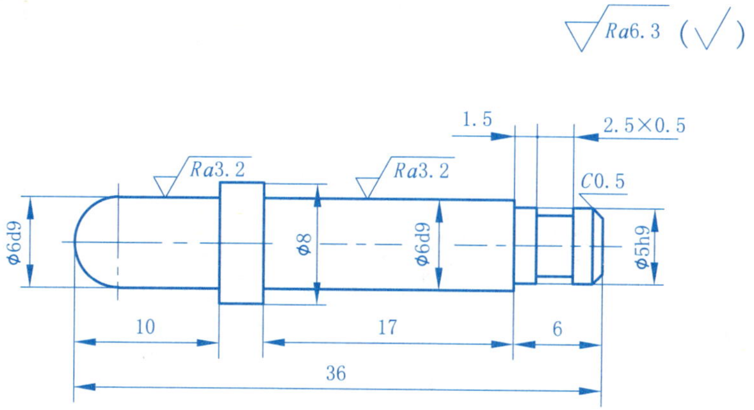

1	定位轴	1	45	2∶1

定位器零件目录

序号	名称	材料	数量	备注
1	定位轴	45	1	
2	支架	35	1	
3	套筒	45	1	
4	弹簧	50	1	
5	盖	15	1	
6	把手	塑料	1	
7	紧定螺钉M2.5×4	Q235	1	

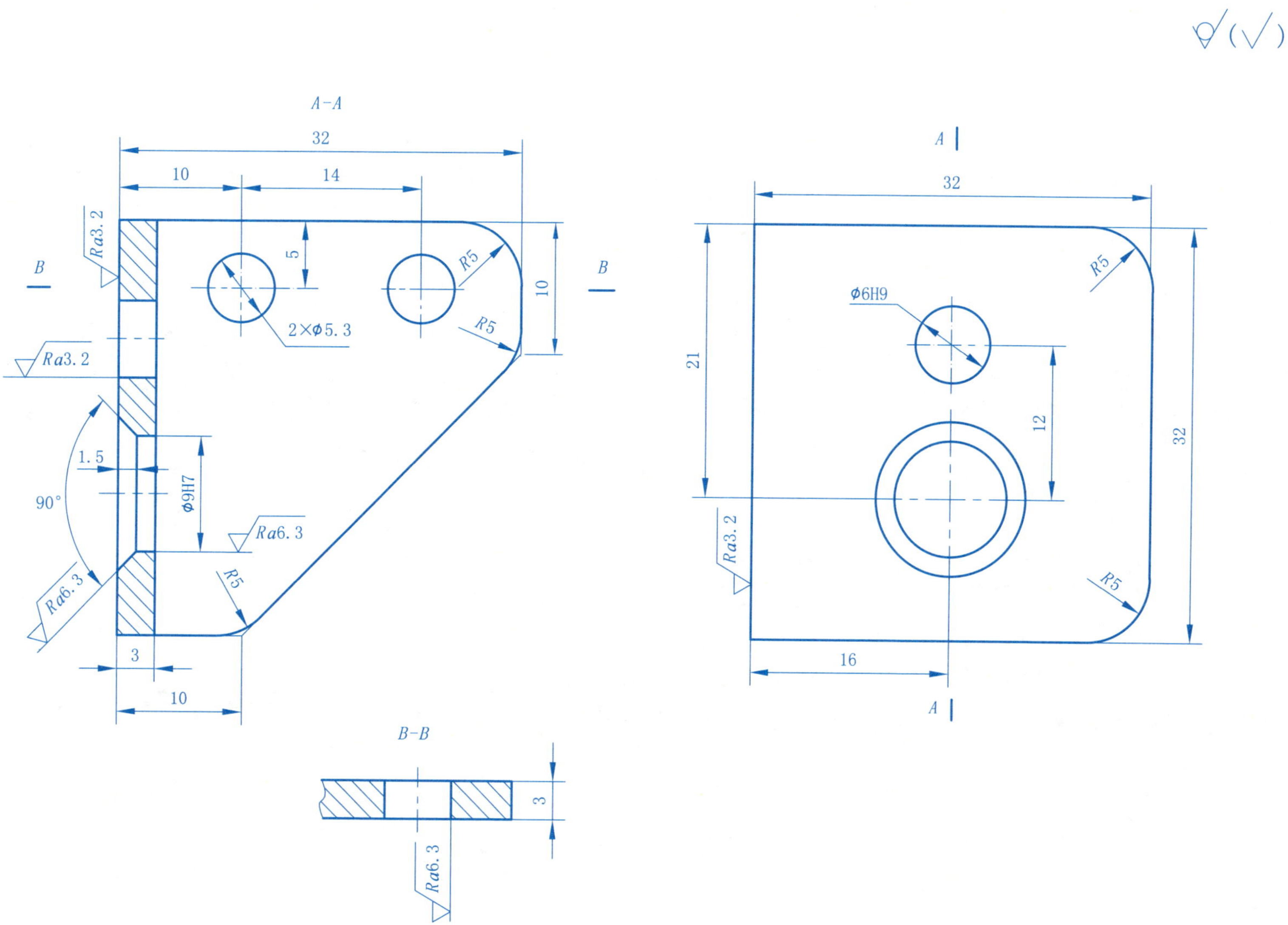

A-A
32
10
14
5
10
R5
R5
2×Φ5.3
B
B
Ra3.2
Ra3.2
1.5
90°
Φ9H7
Ra6.3
Ra6.3
R5
3
10
A
A
32
Φ6H9
R5
21
12
32
Ra3.2
R5
16
B-B
3
Ra6.3

2	支　架	1	35	2∶1

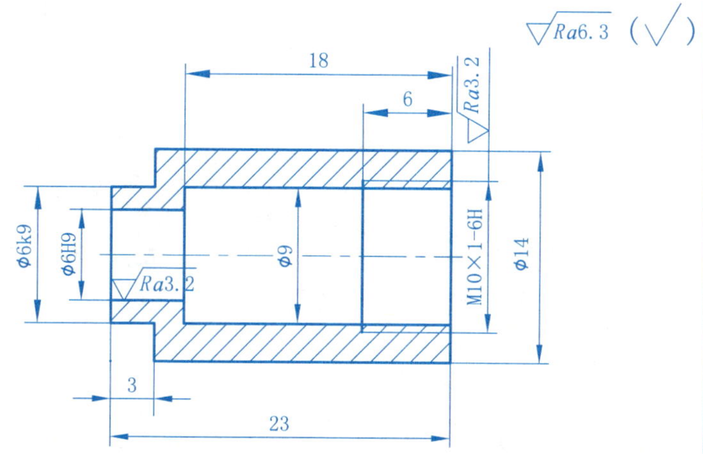

3	套　筒	1	45	2∶1

展开长度	165
旋　　向	右旋
有效圈数	n=6
总 圈 数	n_1=7.5

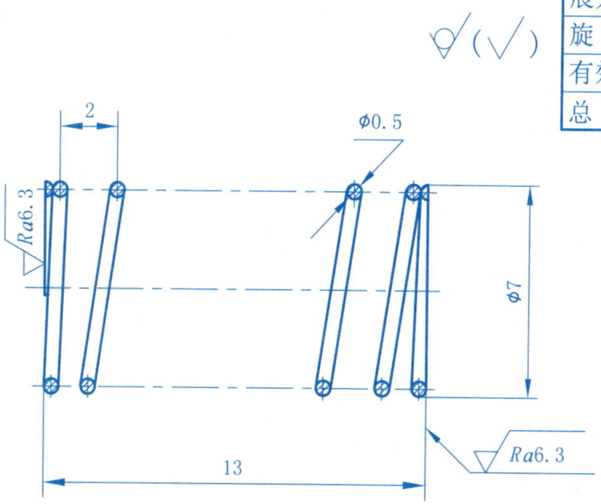

4	弹　簧	1	50	4∶1

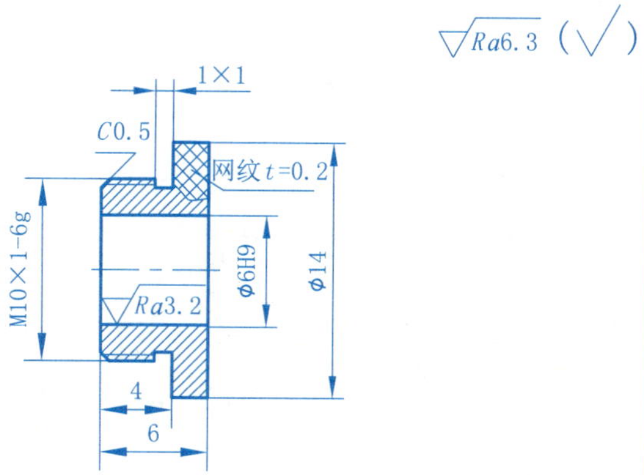

5	盖	1	15	2∶1

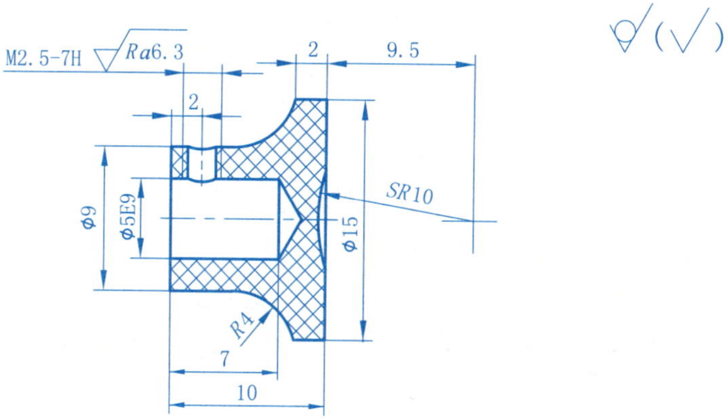

6	把　手	1	塑　料	2∶1

8-3 根据安全阀示意图和零件图，拼画装配图。

一、工作原理

安全阀是一种安装在供油管路中的安全装置。正常工作时，阀门靠弹簧的压力处于关闭位置，油从阀体左端孔流入，经下端孔流出。当油压超过允许压力时，阀门被顶开，过量油就从阀体和阀门开启后的缝隙间经阀体右端孔管道流回油箱，从而使管路中的油压保持在允许的范围内，起到安全保护作用。

调整螺杆可调整弹簧压力。为防止螺杆松动，其上端用螺母锁紧。

二、作业要求

1. 读懂安全阀装配图的示意图和全部零件图。
2. 拼画装配图（采用A2图纸，比例1∶1）。

零 件 目 录

序号	零件名称	数量	材料	附注及标准
1	阀体	1	ZL2	
2	阀门	1	H62	
3	弹簧	1	65Mn	
4	垫片	1	工业用纸	
5	阀盖	1	ZL2	
6	托盘	1	H62	
7	紧定螺钉M5×8	1	Q235	
8	螺杆	1	Q235	
9	螺母 M10	1	Q235	GB/T 6170—2015
10	阀帽	1	ZL2	
11	螺母 M6	4	Q235	GB/T 6170—2015
12	垫圈 6	4	Q235	
13	螺柱 M6×16	4	Q235	

安全阀装配示意图

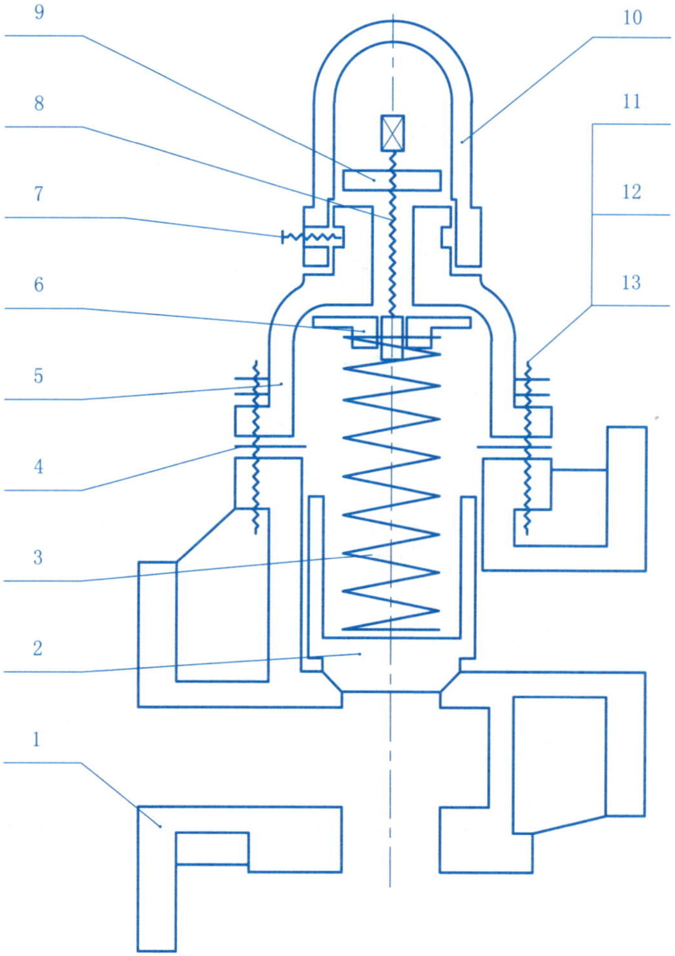

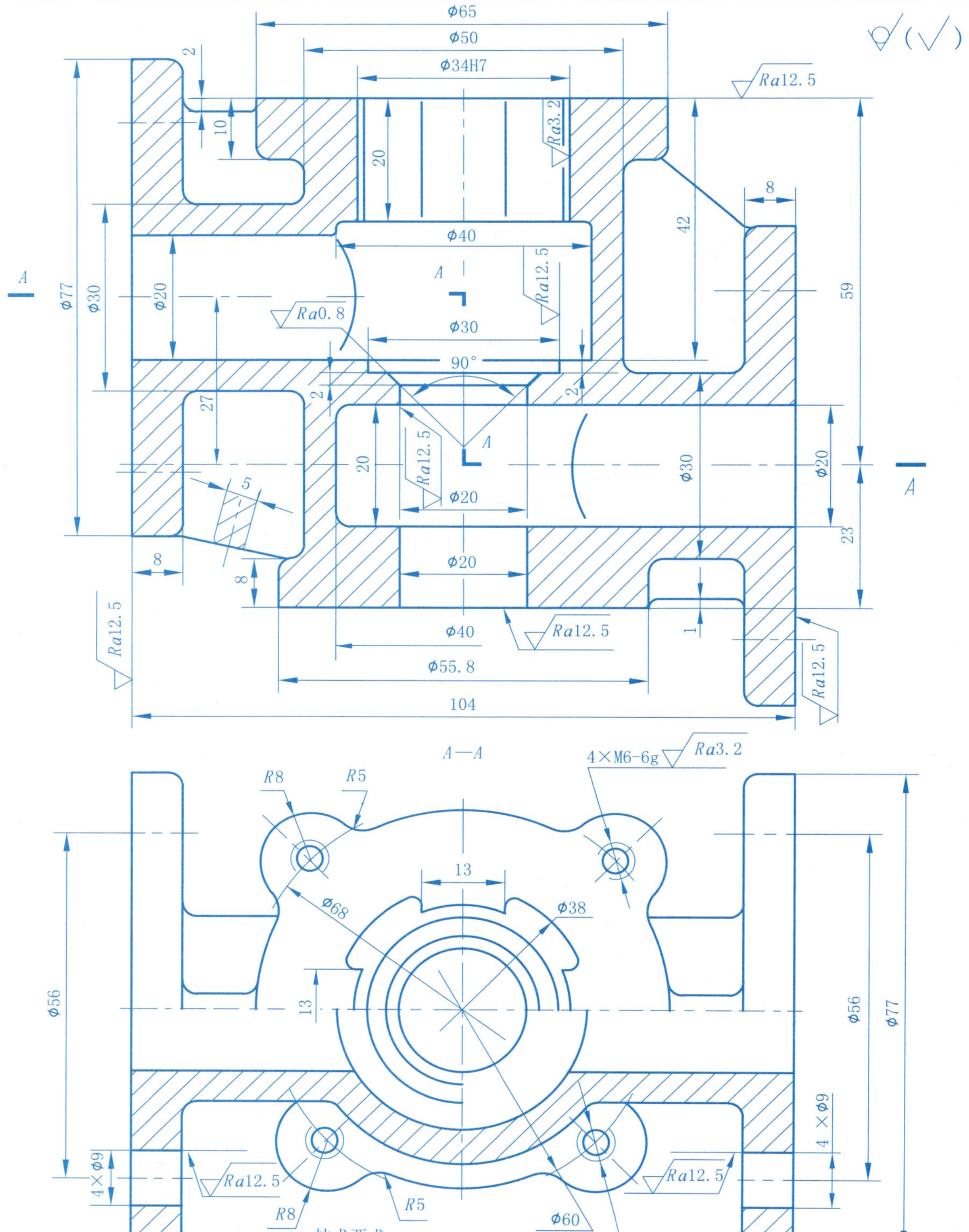

技术要求

1. 90° 锥面与阀门零件对研。
2. 未注圆角半径为 $R2$。
3. 非机械加工表面喷绿色油漆。

1	阀 体	1	ZL2	1∶1

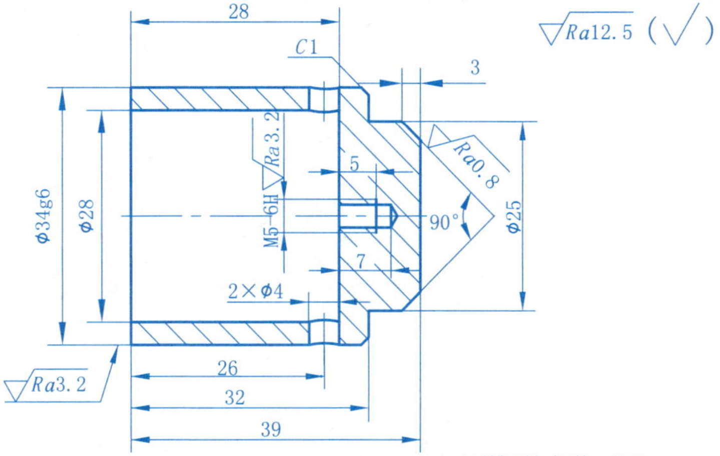

90°锥面与阀体1对研

2	阀　门	1	H62	1∶1

展开长度	548
旋　　向	右旋
有效圈数	$n=7$
总 圈 数	$n_1=8.5$

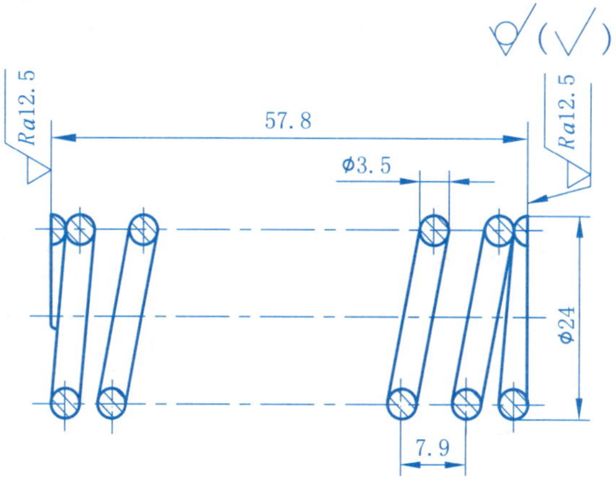

技术要求
热处理HRC45。

3	弹　簧	1	65Mn	1∶1

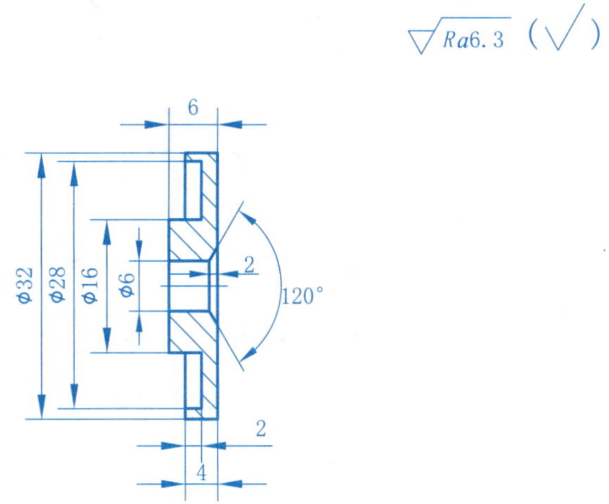

6	托　盘	1	H62	1∶1

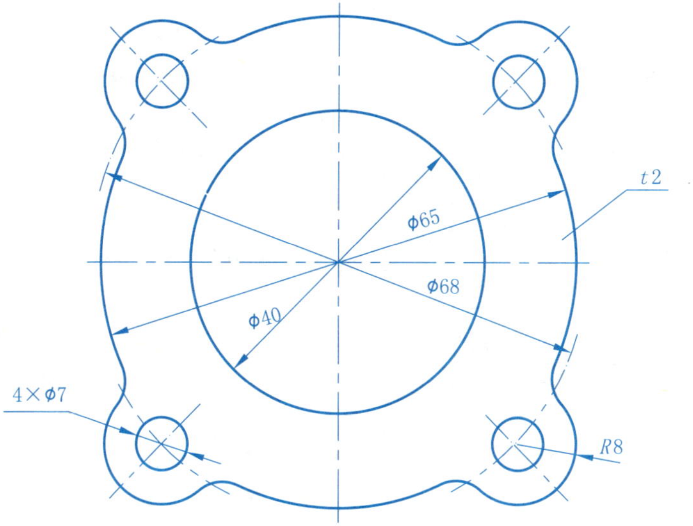

未注圆角R5

4	垫　片	1	工业用纸	1∶1

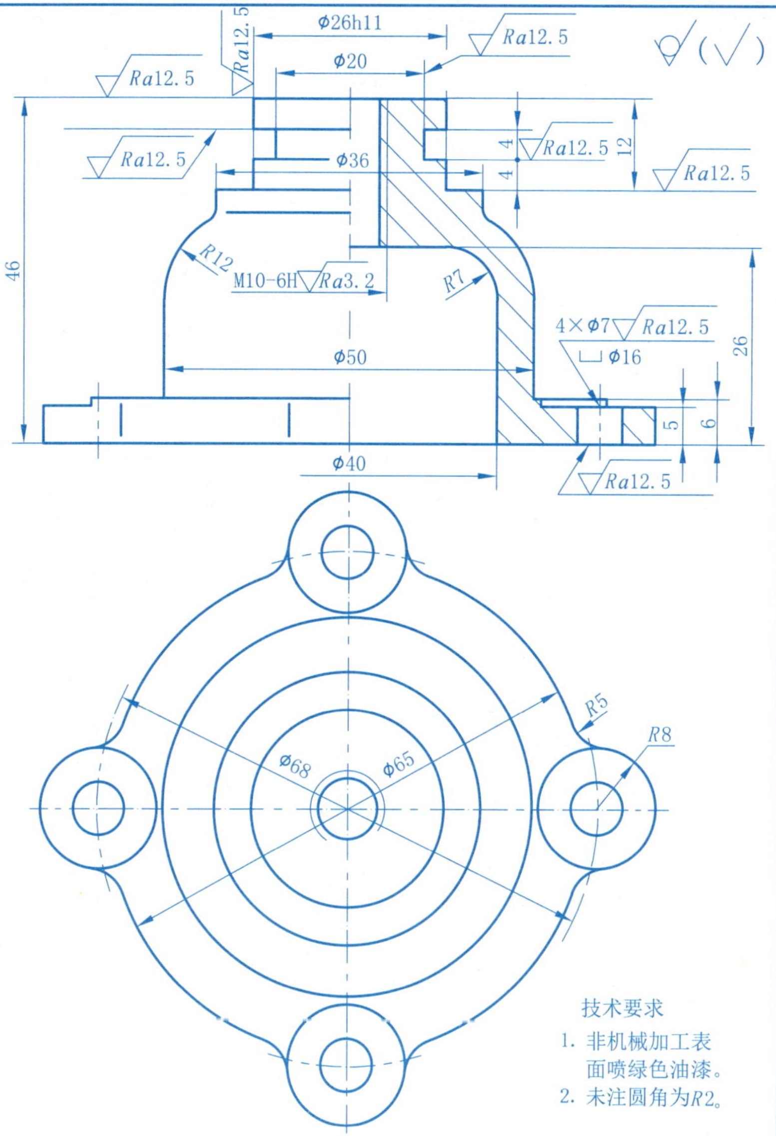

技术要求

1. 非机械加工表面喷绿色油漆。
2. 未注圆角为$R2$。

5	阀 盖	1	ZL2	1∶1

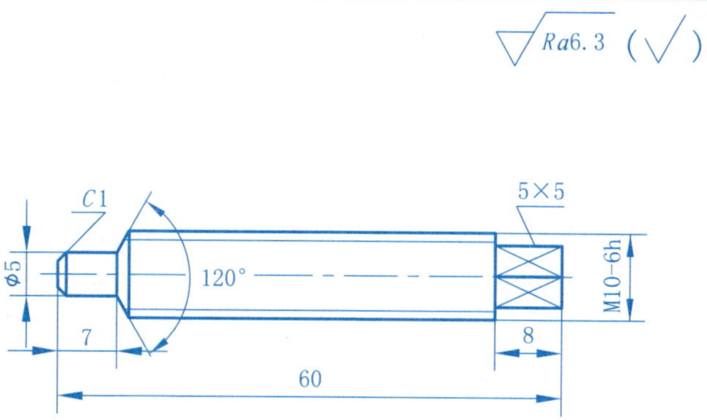

8	螺 杆	1	Q235	1∶1

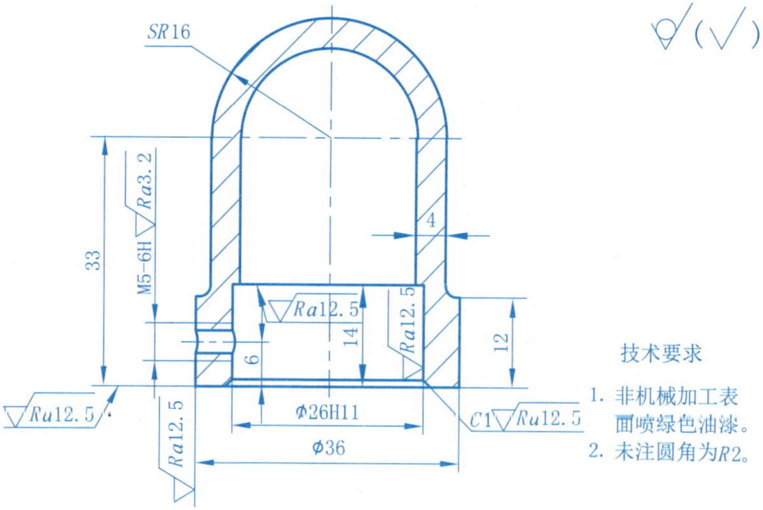

技术要求

1. 非机械加工表面喷绿色油漆。
2. 未注圆角为$R2$。

10	阀 帽	1	ZL2	1∶1

8-4　读平口钳装配图，并拆画零件图。

一、工作原理

平口钳用于装卡被加工的零件。使用时将固定钳体8安装在工作台上，旋转丝杠10推动套螺母5及活动钳体4做直线往复运动，从而使钳口板开合，以松开或夹紧工件。紧固螺钉6用来在加工时锁紧套螺母5。

二、读懂平口钳装配图，作下列各题

1. 回答问题。

(1) 从丝杠右端面看顺时针转动丝杠10，活动钳体4向何方移动？

(2) 紧固螺钉6上面的两个小孔有什么作用？

(3) 活动钳体4在装配图中的左右位置是怎么确定的？为什么？

(4) 垫圈3和9的作用是什么？

(5) 下列尺寸各属于装配图中的何种尺寸？

0～91属于________尺寸，ϕ28H8/f8属于________尺寸，160属于________尺寸，270属于________尺寸。

(6) 说明ϕ25H8/f8的含义：轴孔配合属于______制，______配合，ϕ25是________尺寸，H8是____________代号，f8是____________代号。

2. 根据平口钳装配图拆画零件图。

(1) 用1∶1的比例在A3图纸上拆画固定钳体8的零件图。

各表面粗糙度*Ra*值（μm）可按以下要求标注：

两端轴孔表面（ϕ25、ϕ14）可选1.6；

上表面及方槽中的接触表面可选3.2；

安装钳口板处的两表面可选6.3；

其余切削加工表面可选25；

铸造表面为$\sqrt{}$（不去除材料符号）。

(2) 用1∶1的比例在A3图纸上拆画活动钳体4的零件图，并标注尺寸及表面粗糙度等。

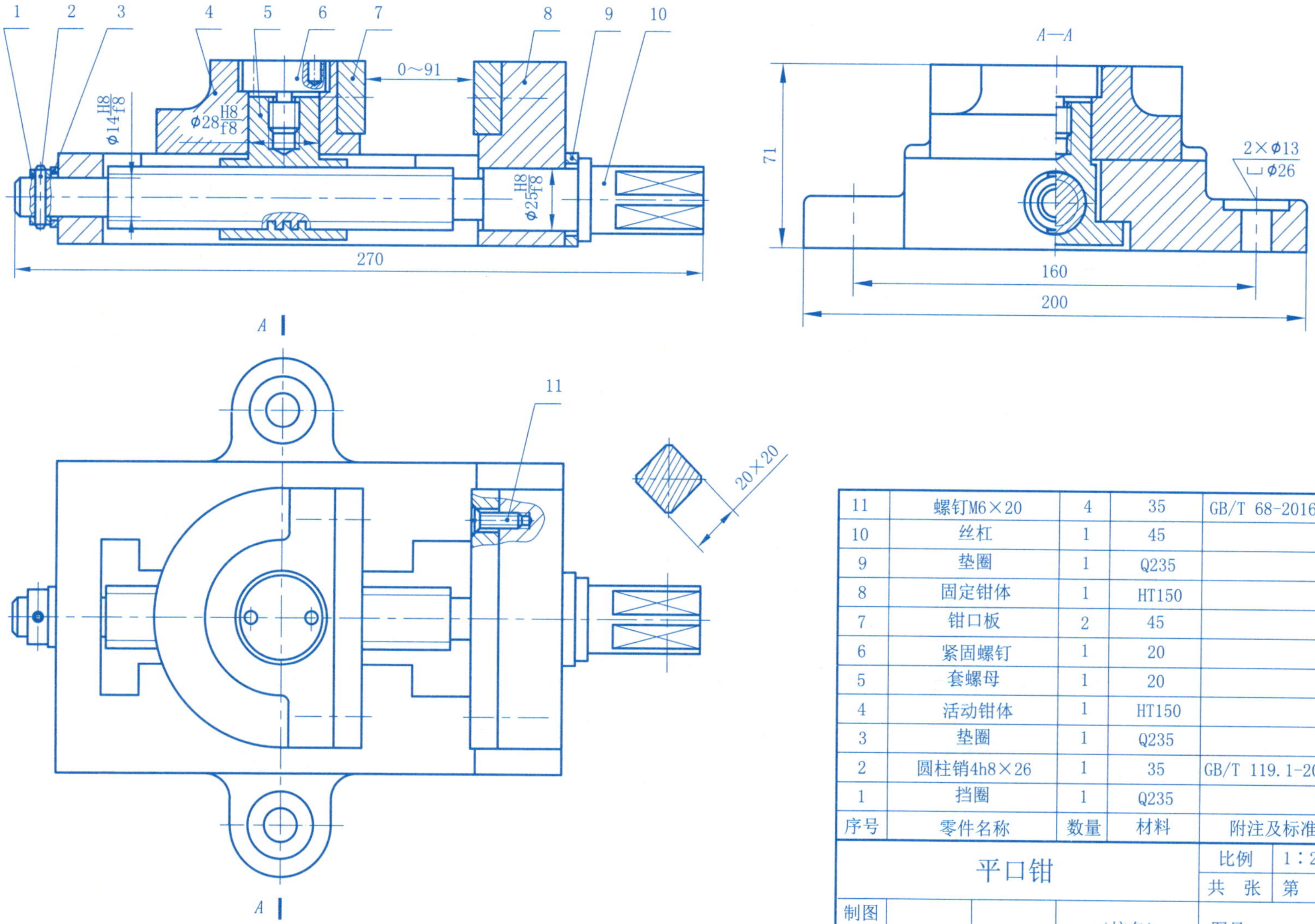

11	螺钉M6×20	4	35	GB/T 68-2016
10	丝杠	1	45	
9	垫圈	1	Q235	
8	固定钳体	1	HT150	
7	钳口板	2	45	
6	紧固螺钉	1	20	
5	套螺母	1	20	
4	活动钳体	1	HT150	
3	垫圈	1	Q235	
2	圆柱销4h8×26	1	35	GB/T 119.1-2000
1	挡圈	1	Q235	
序号	零件名称	数量	材料	附注及标准

平口钳			比例	1∶2.5
			共　张	第　张
制图		（校名）	图号	
审核				

8-5　读隔膜阀装配图，并拆画零件图。

一、工作原理

隔膜阀是一种调节气流的装置。当阀帽1受外力向下压时，隔膜4因弹性压下阀杆7，与阀杆连接的弹簧10被压缩，使阀杆与胶垫8之间产生空隙，阀底部进入的气体均匀流入阀体11，再从右上方口排出。阀帽的外力消除后，由于弹簧的弹力使阀杆压紧胶垫8而切断气流。

二、读懂隔膜阀装配图，作下列各题

1. 柱塞12和紧定螺钉14起什么作用？

2. 俯视图中的62属于＿＿＿＿＿＿尺寸，72属于＿＿＿＿＿＿尺寸。

3. 说明配合尺寸ϕ40H7/n6的含义:属于＿＿＿＿制＿＿＿＿配合，ϕ40是＿＿＿＿＿＿，H是＿＿＿＿＿＿代号，7是＿＿＿＿＿＿。

4. 拆画阀体11的零件图，可选比例1:1，A3图幅。

5. 拆画套筒6或阀套9的零件图，自定比例、图幅。

隔膜阀装配图的标题栏及明细栏

序号	零件名称	数量	材料	附注及标准
14	紧定螺钉M8×16	2	35	
13	螺钉M10×30	2	35	
12	柱塞	1	Q235	
11	阀体	1	HT150	
10	弹簧	1	65Mn	
9	阀套	1	Q235	
8	胶垫	1	橡胶	
7	阀杆	1	45	
6	套筒	1	Q235	
5	衬垫	1	橡胶	
4	隔膜	1	橡胶	
3	阀盖	1	HT150	
2	衬套	1	Q235	
1	阀帽	1	45	

隔膜阀			比例	1∶1.5	
			共　张	第　张	
制图			（校名）	图号	
审核					

隔膜阀装配示意图

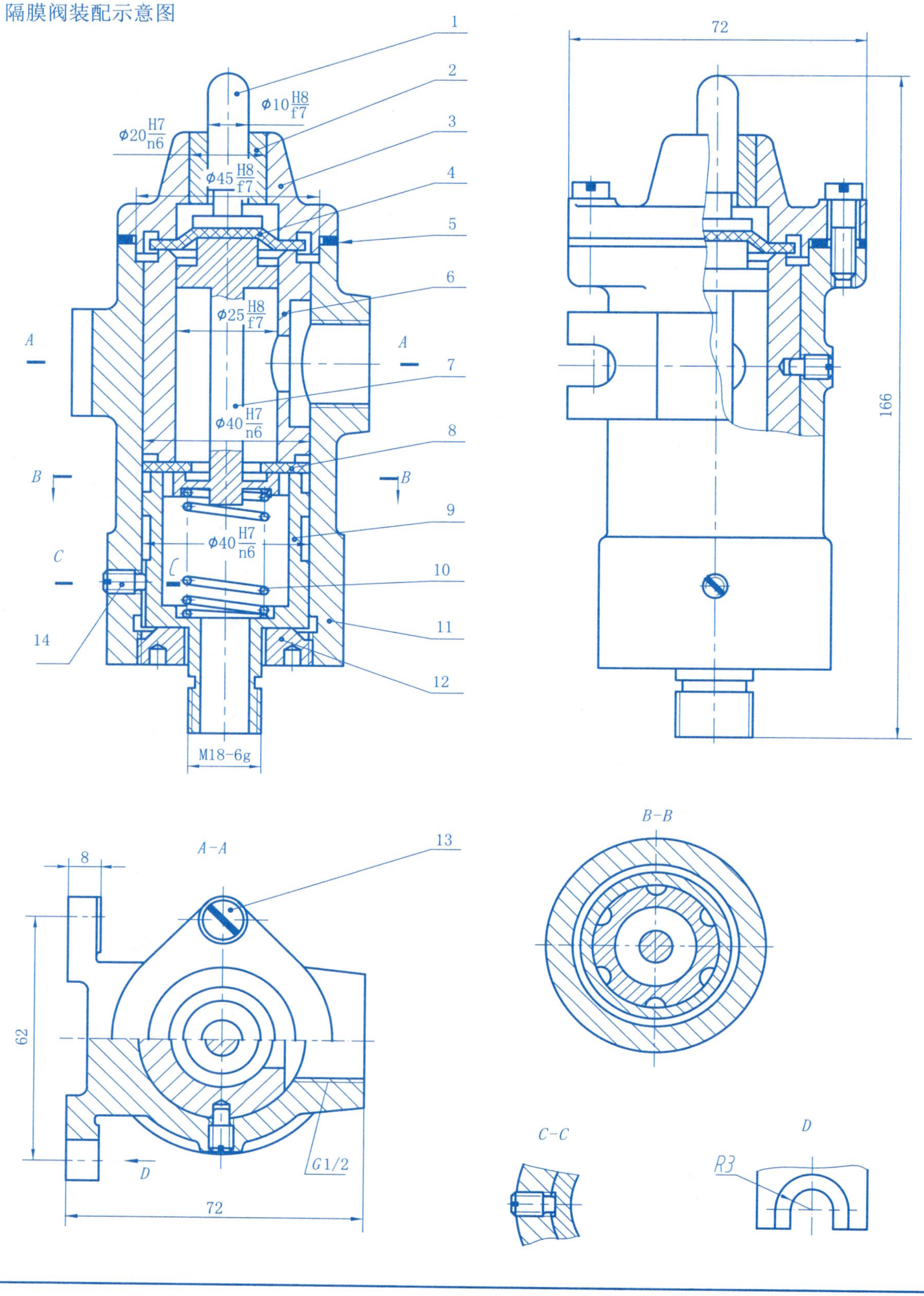

1
2
3
4
5
6
7
8
9
10
11
12
13
14
Φ10 H8/f7
Φ20 H7/n6
Φ45 H8/f7
Φ25 H8/f7
Φ40 H7/n6
Φ40 H7/n6
M18-6g
A
A
B
B
C
C
72
166
A-A
B-B
C-C
D
D
R3
8
62
72
G1/2

8-6 读蝴蝶阀装配图，读懂阀体1和阀盖6的结构形状，并画出它们的零件图（自定图幅、比例）。

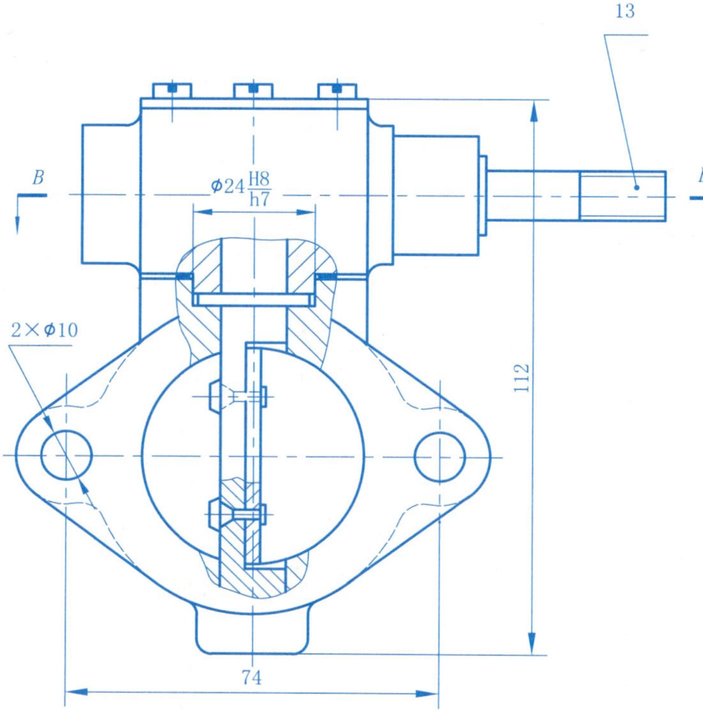

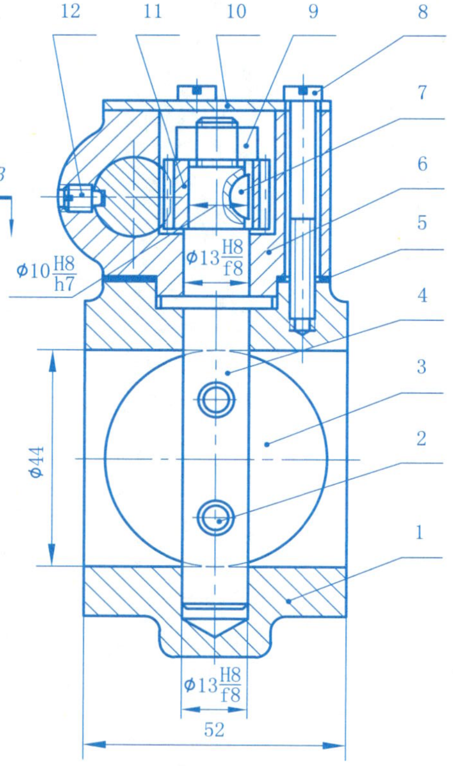

B-B

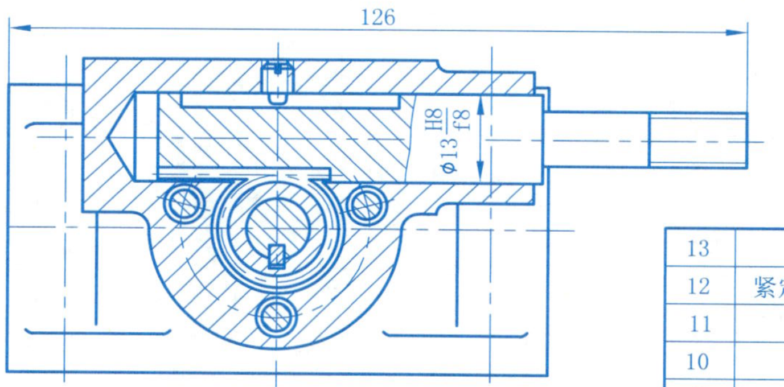

思 考 题

(1) 阀体和阀盖、齿轮与阀杆、齿杆与阀盖是怎样固定与定位的？

(2) 找出左视图上序号3所指零件的正面投影，并想象其空间形状。

工 作 原 理

蝴蝶阀是用于管道上截断气流或液流的闸门装置。它是由齿轮、齿条机构来实现截流的。

当外力带动齿杆13左右移动时，与齿杆啮合的齿轮11就带动阀杆4转动，使阀门3开启或关闭。

图示阀门为开启位置。齿杆向右移动时，即关闭阀门。齿杆靠紧定螺钉12周向定位，只能左右移动，不能转动。阀门用锥头铆钉2固定在阀杆4上，盖板10和阀盖6用三个螺钉8固定在阀体1上。

序号	零件名称	数量	材　料	附注及标准
13	齿杆	1	45	
12	紧定螺钉M5×8	1	35	GB/T 75—2018
11	齿轮	1	45	
10	盖板	1	Q235	
9	螺母M8	1	35	GB/T 6170—2015
8	螺钉M5×50	3	35	GB/T 65—2016
7	半圆键　2×10	1	45	
6	阀盖	1	HT200	
5	垫片	1	工业用纸	
4	阀杆	1	45	
3	阀门	1	Q235	
2	锥头铆钉	2	35	
1	阀体	1	HT200	

蝴蝶阀				比例	1∶1.5
				共　张	第　张
制图			（校名）	图号	
审核					

9-1 用AutoCAD绘图，并标注。

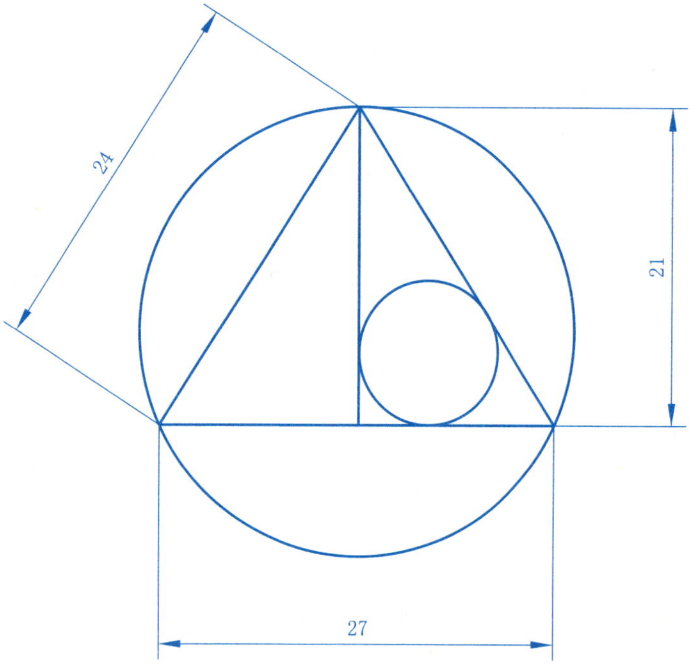

（图 名）			材料		比例	
			数量		图号	
制图	（姓名）	（日期）	（校 名）			
审核	（姓名）	（日期）				

9-2　用AutoCAD绘图，并标注。

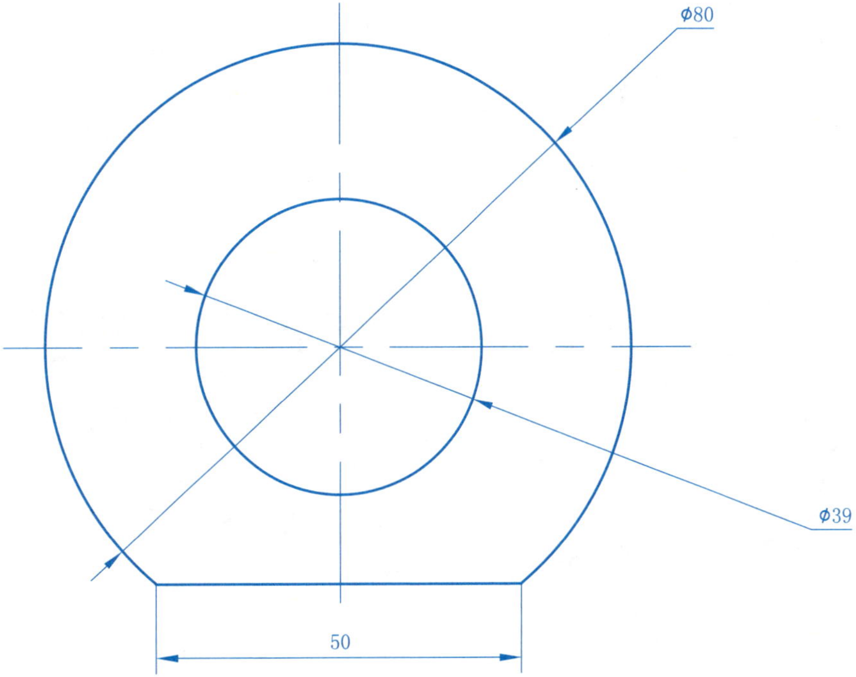

（图　名）			材料		比例	
			数量		图号	
制图	（姓名）	（日期）	（校　名）			
审核	（姓名）	（日期）				

9-3　用AutoCAD绘图，并标注。

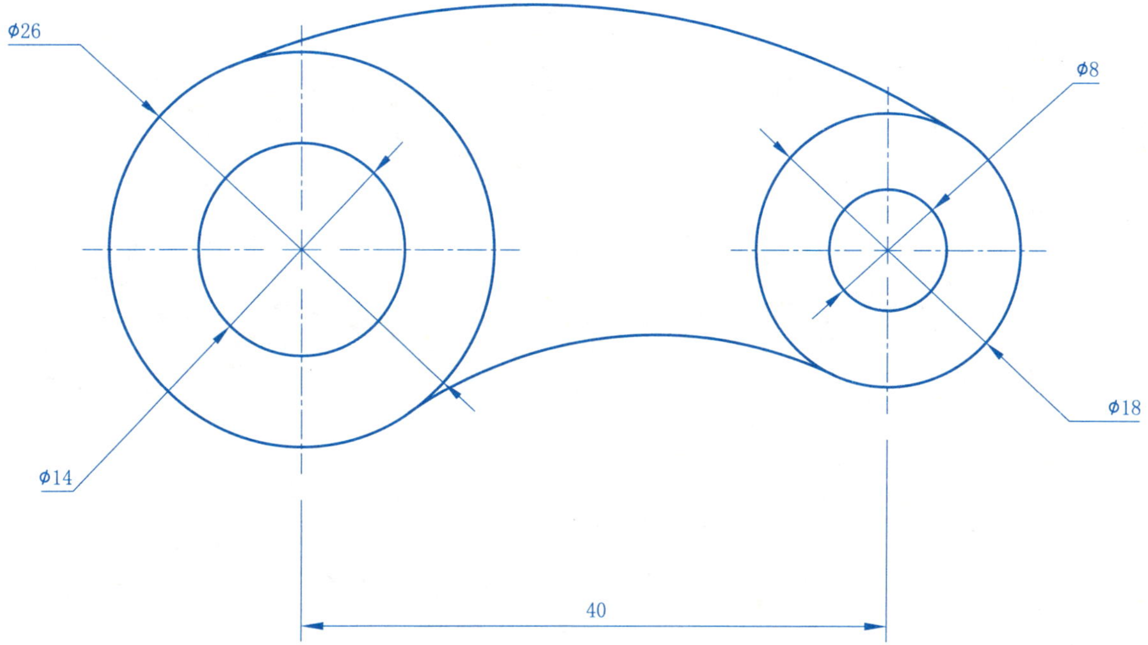

(图　　名)			材料		比例	
			数量		图号	
制图	(姓名)	(日期)	(校　　名)			
审核	(姓名)	(日期)				

9-4　用AutoCAD绘图,并标注。

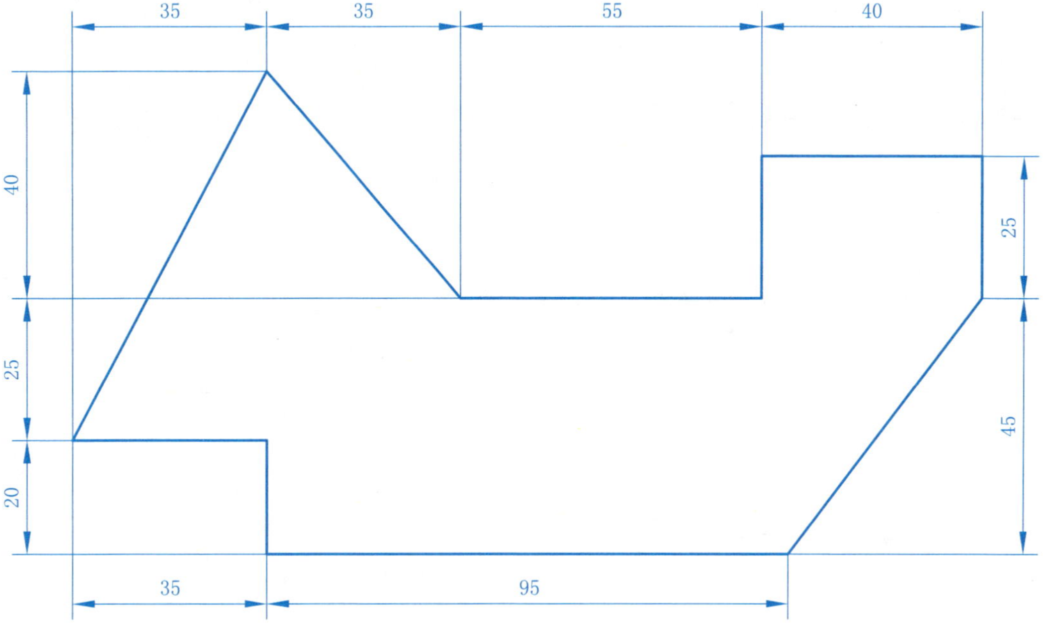

（图　　名）			材料		比例	
			数量		图号	
制图	（姓名）	（日期）	（校　　名）			
审核	（姓名）	（日期）				

9-5　用AutoCAD绘图,并标注。

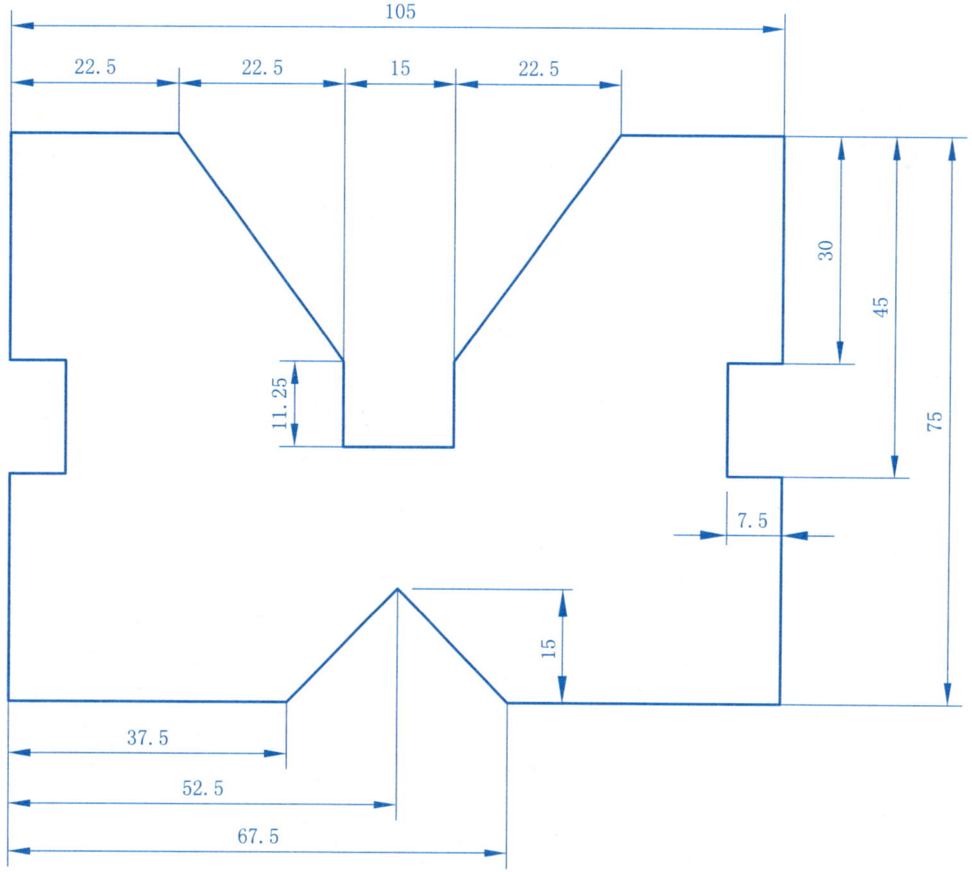

（图　　名）		材料		比例	
		数量		图号	
制图	（姓名）	（日期）	（校　　名）		
审核	（姓名）	（日期）			

9-6　用AutoCAD绘图，并标注。

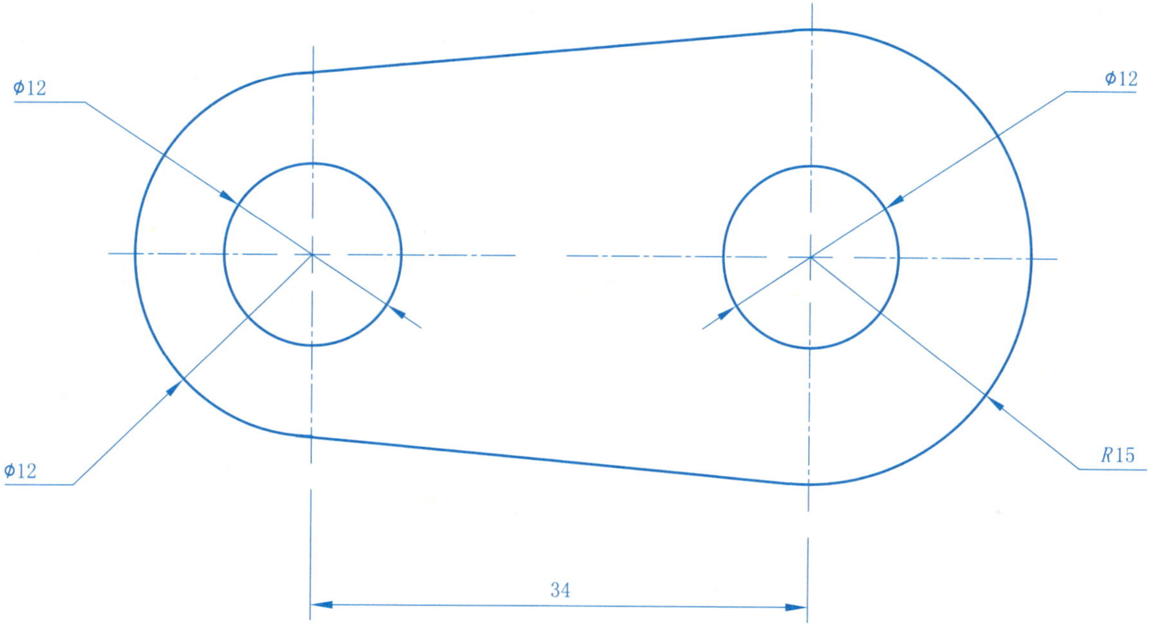

<table>
<tr><td colspan="3" rowspan="2">（图　名）</td><td>材料</td><td></td><td>比例</td><td></td></tr>
<tr><td>数量</td><td></td><td>图号</td><td></td></tr>
<tr><td>制图</td><td>（姓名）</td><td>（日期）</td><td colspan="4" rowspan="2">（校　名）</td></tr>
<tr><td>审核</td><td>（姓名）</td><td>（日期）</td></tr>
</table>

9-7 用AutoCAD绘图，并标注。

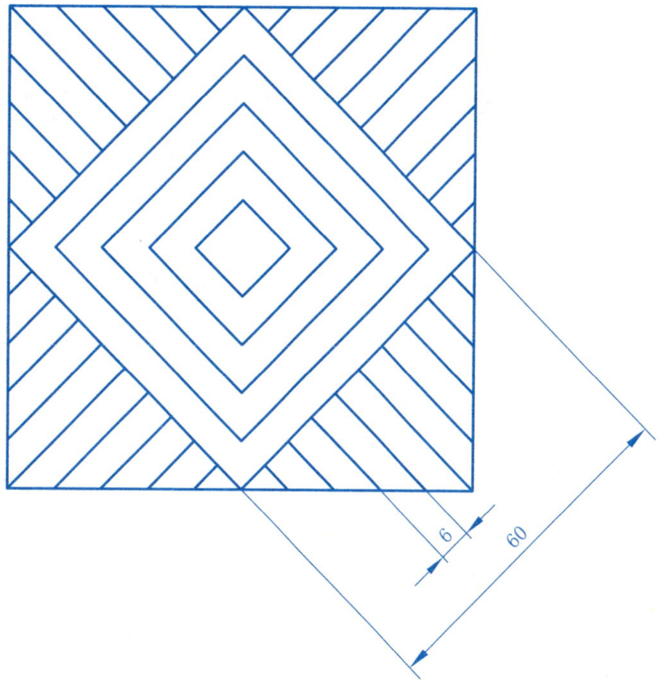

（图　名）		材料		比例	
		数量		图号	
制图	（姓名）	（日期）	（校　名）		
审核	（姓名）	（日期）			

9-8 用AutoCAD绘图，并标注。

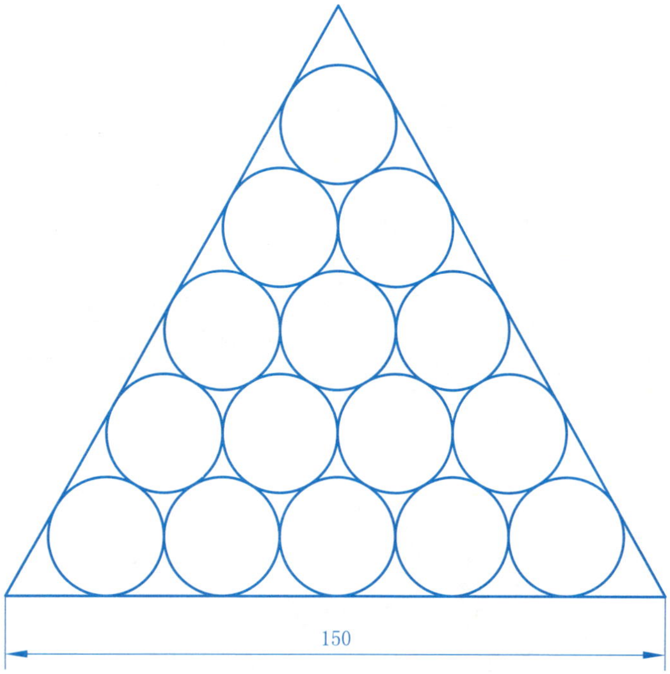

（图 名）			材料		比例	
			数量		图号	
制图	（姓名）	（日期）	（校 名）			
审核	（姓名）	（日期）				

9-9　用AutoCAD绘图,并标注。

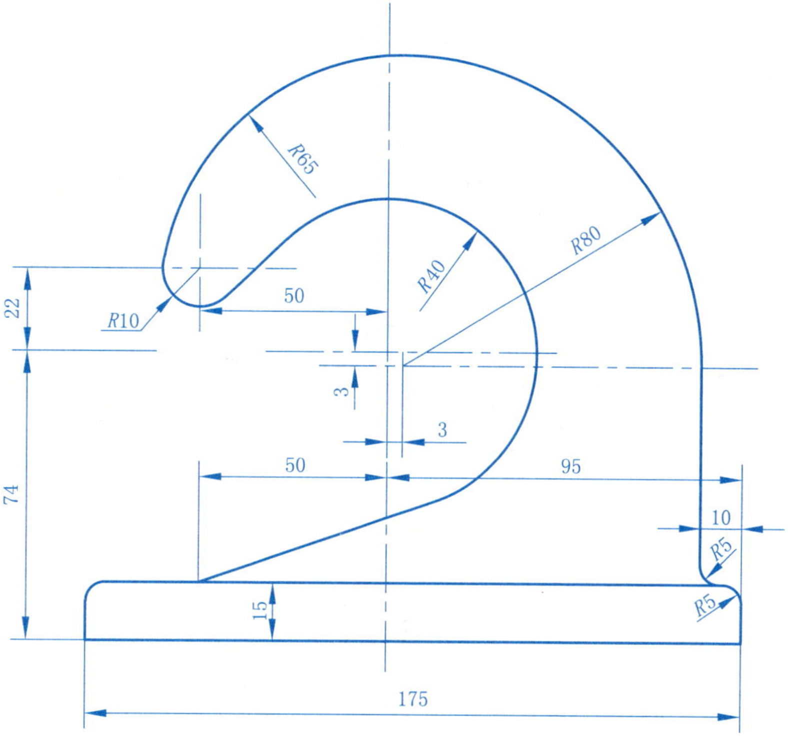

（图　名）			材料		比例	
			数量		图号	
制图	（姓名）	（日期）	（校　名）			
审核	（姓名）	（日期）				

9-10　用AutoCAD绘图，并标注。

AB=28.5
BC=30.9
CD=19.3
DE=82.1
EF=55.3
FG=63.5

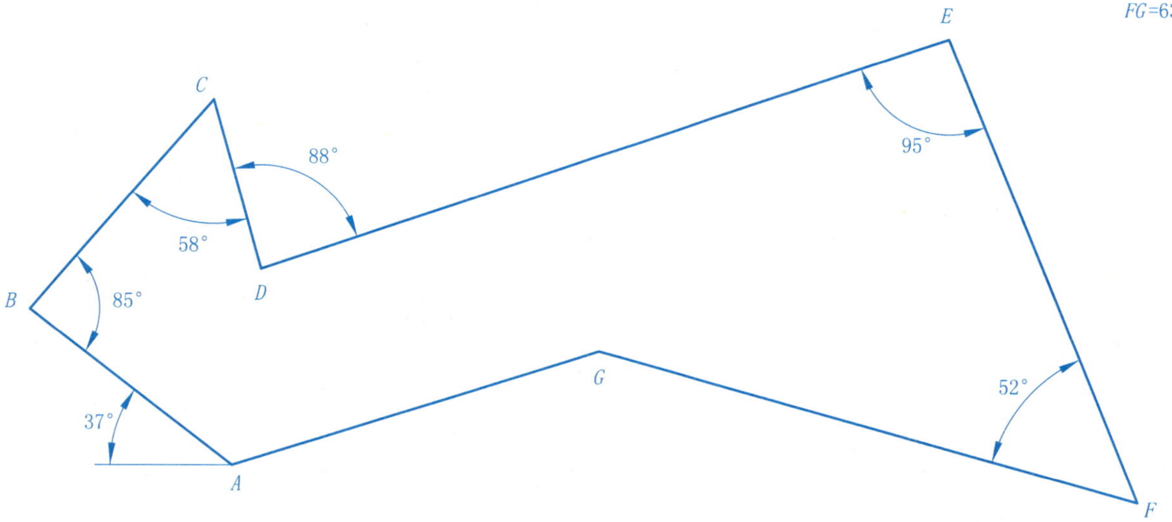

（图　　名）			材料		比例	
			数量		图号	
制图	（姓名）	（日期）	（校　　名）			
审核	（姓名）	（日期）				

9-11　用AutoCAD绘图，并标注。

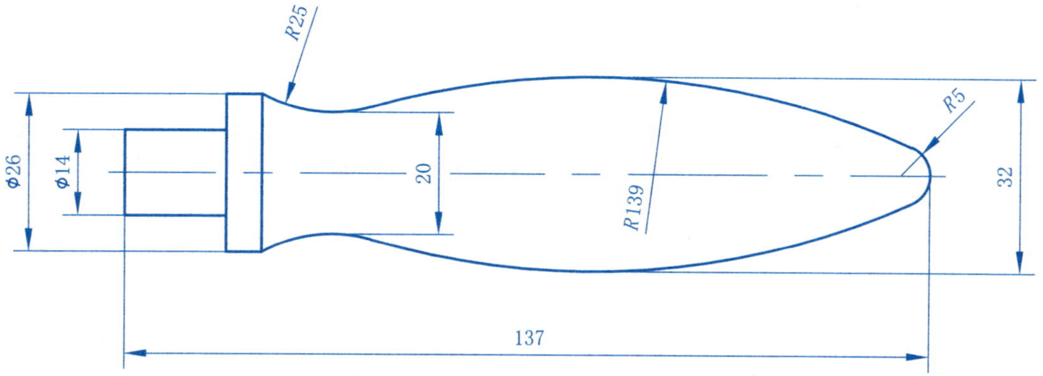

<table>
<tr><td colspan="3" rowspan="2">（图　名）</td><td>材料</td><td></td><td>比例</td><td></td></tr>
<tr><td>数量</td><td></td><td>图号</td><td></td></tr>
<tr><td>制图</td><td>（姓名）</td><td>（日期）</td><td colspan="4" rowspan="2">（校　名）</td></tr>
<tr><td>审核</td><td>（姓名）</td><td>（日期）</td></tr>
</table>

9-12 用AutoCAD绘图，并标注。

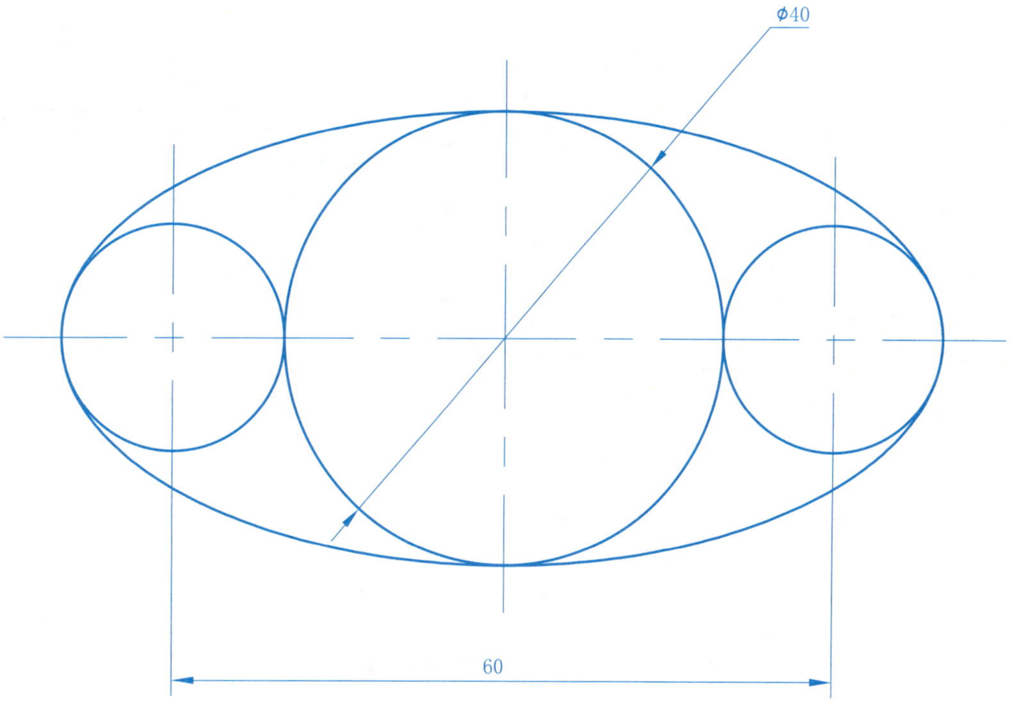

（图 名）			材料		比例	
			数量		图号	
制图	（姓名）	（日期）	（校 名）			
审核	（姓名）	（日期）				

9-13 用AutoCAD绘图，并标注。

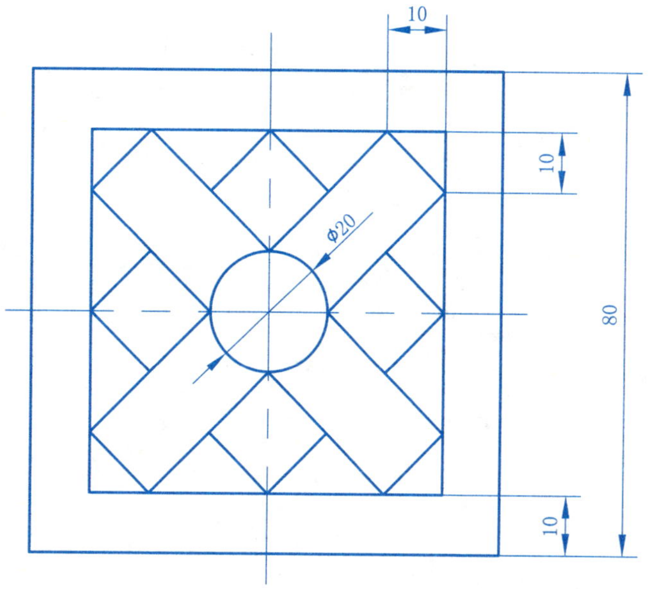

（图 名）			材料		比例	
			数量		图号	
制图	（姓名）	（日期）	（校 名）			
审核	（姓名）	（日期）				

9-14　用AutoCAD绘图，并标注。

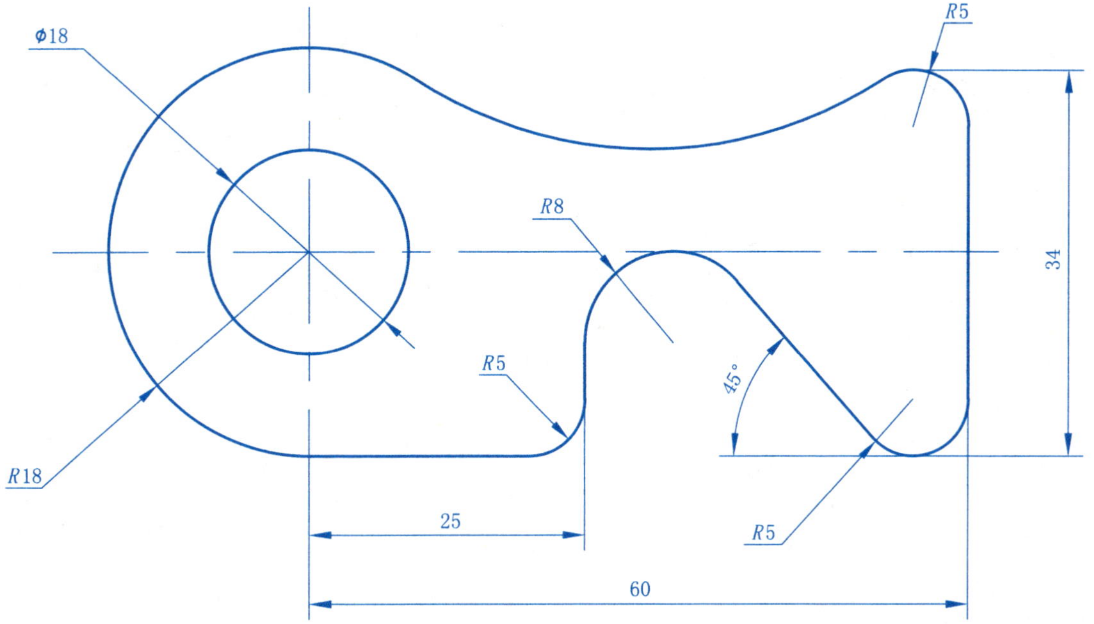

（图　名）		材料		比例	
		数量		图号	
制图	（姓名）	（日期）	（校　名）		
审核	（姓名）	（日期）			

9-15　用AutoCAD绘图,并标注。

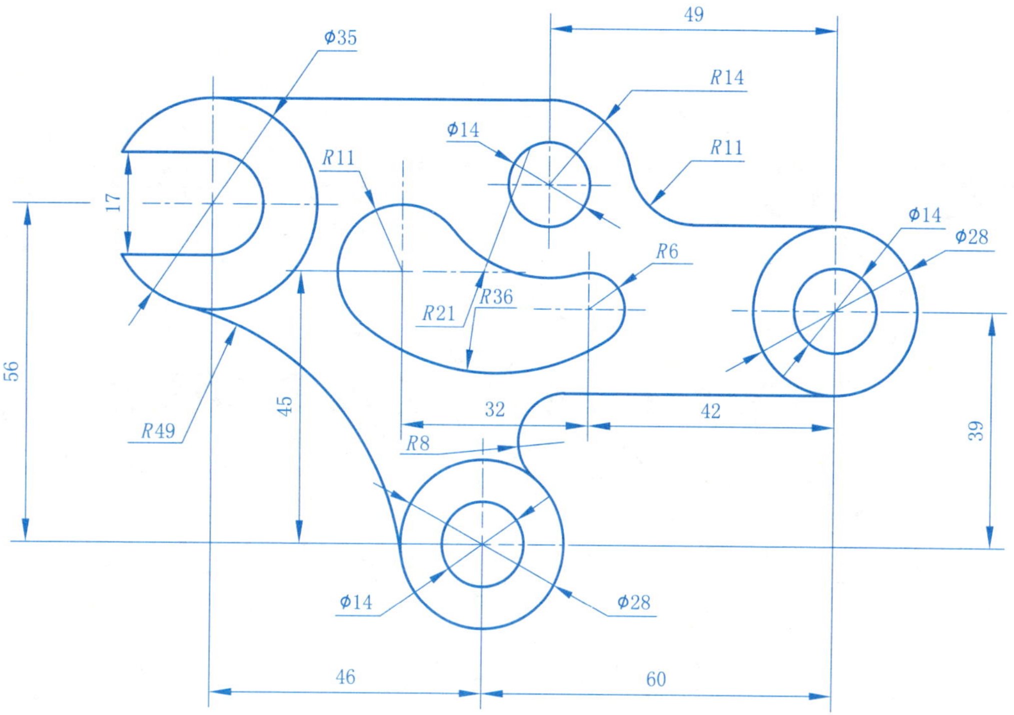

（图　　名）		材料		比例	
		数量		图号	
制图	（姓名）	（日期）	（校　　名）		
审核	（姓名）	（日期）			

9-16　用AutoCAD绘图，并标注。

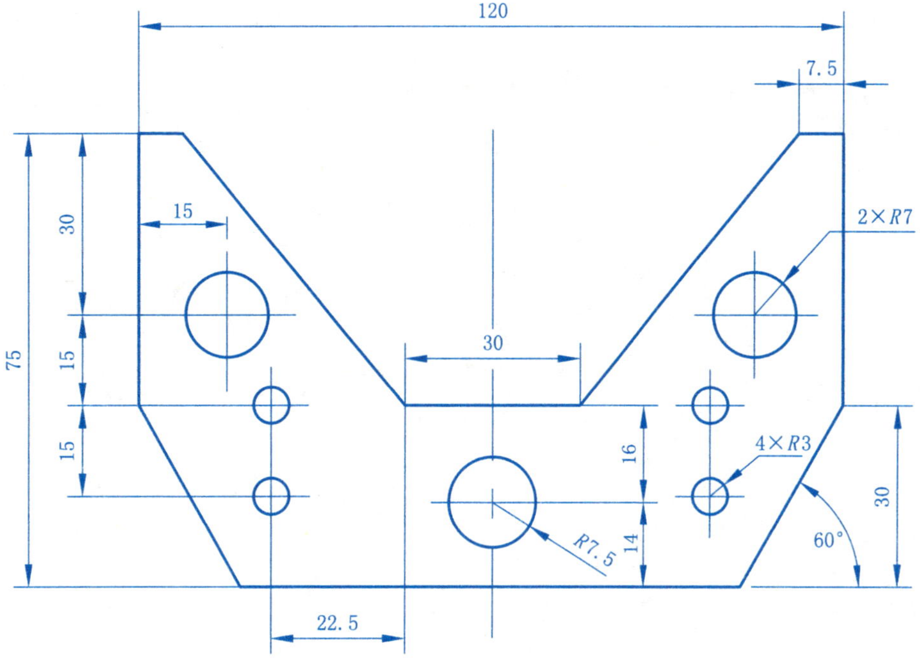

（图　　名）			材料		比例	
			数量		图号	
制图	（姓名）	（日期）	（校　　名）			
审核	（姓名）	（日期）				

9-17 用AutoCAD绘图，并标注。

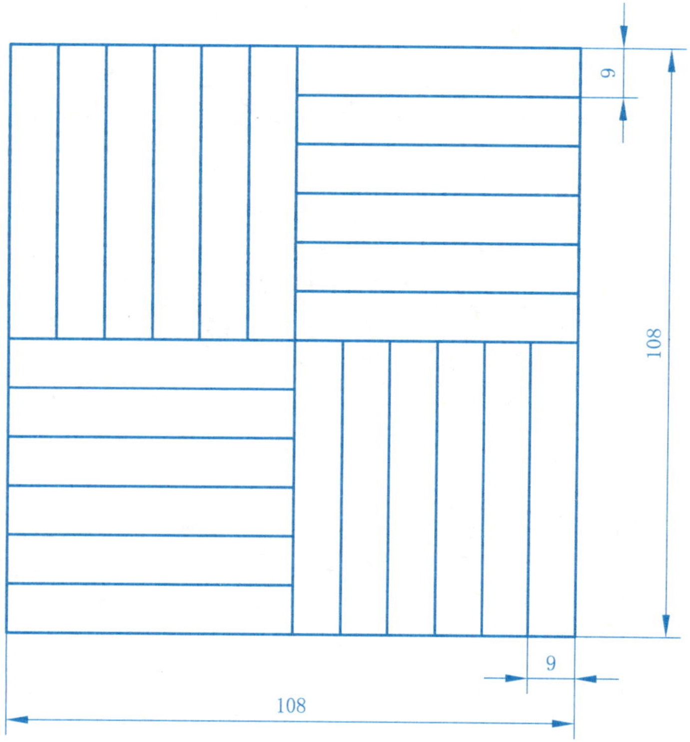

(图　名)		材料		比例	
		数量		图号	
制图	(姓名)	(日期)	(校　名)		
审核	(姓名)	(日期)			

9-18 用AutoCAD绘图，并标注。

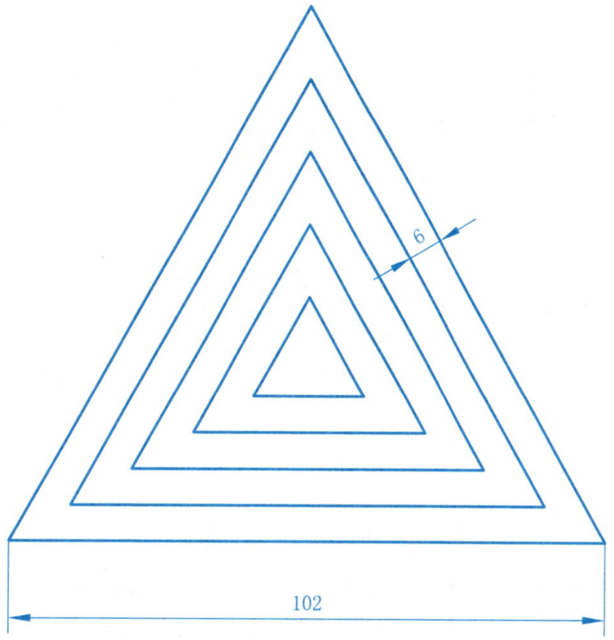

（图　名）			材料		比例	
			数量		图号	
制图	（姓名）	（日期）	（校　名）			
审核	（姓名）	（日期）				

9-19 用AutoCAD绘图，并标注。

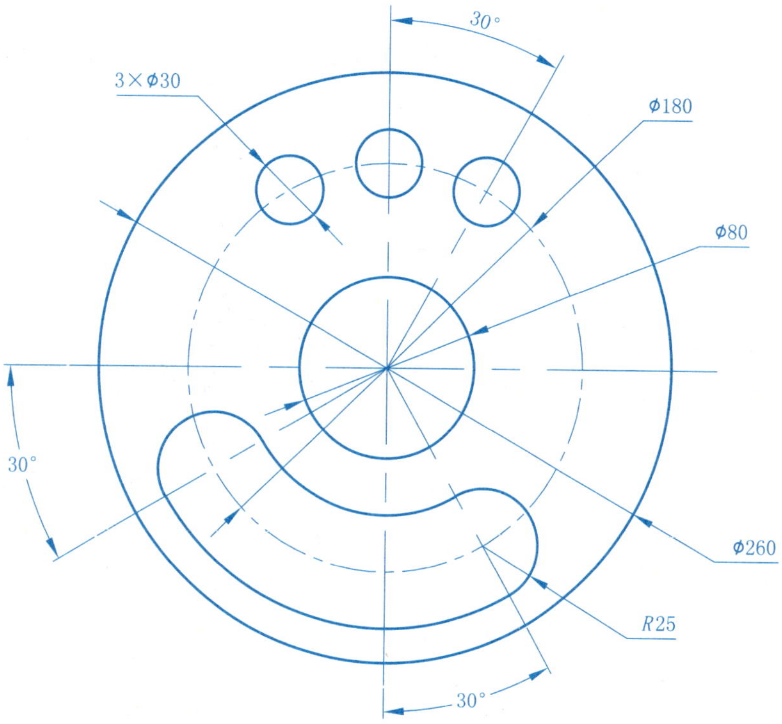

（图　名）			材料		比例	
			数量		图号	
制图	（姓名）	（日期）	（校　名）			
审核	（姓名）	（日期）				

9-20 用AutoCAD绘图,并标注。

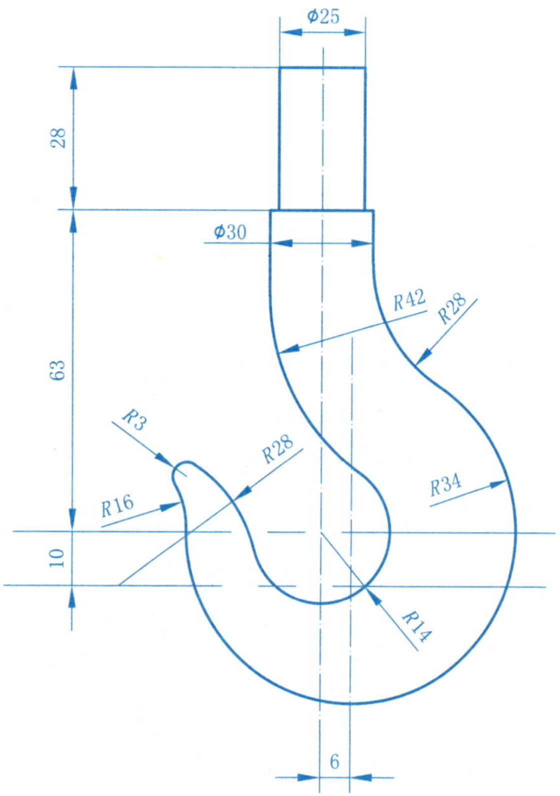

<table>
<tr><td colspan="3" rowspan="2">(图 名)</td><td>材料</td><td></td><td>比例</td><td></td></tr>
<tr><td>数量</td><td></td><td>图号</td><td></td></tr>
<tr><td>制图</td><td>(姓名)</td><td>(日期)</td><td colspan="4" rowspan="2">(校 名)</td></tr>
<tr><td>审核</td><td>(姓名)</td><td>(日期)</td></tr>
</table>

9-21 用AutoCAD绘图，并标注。

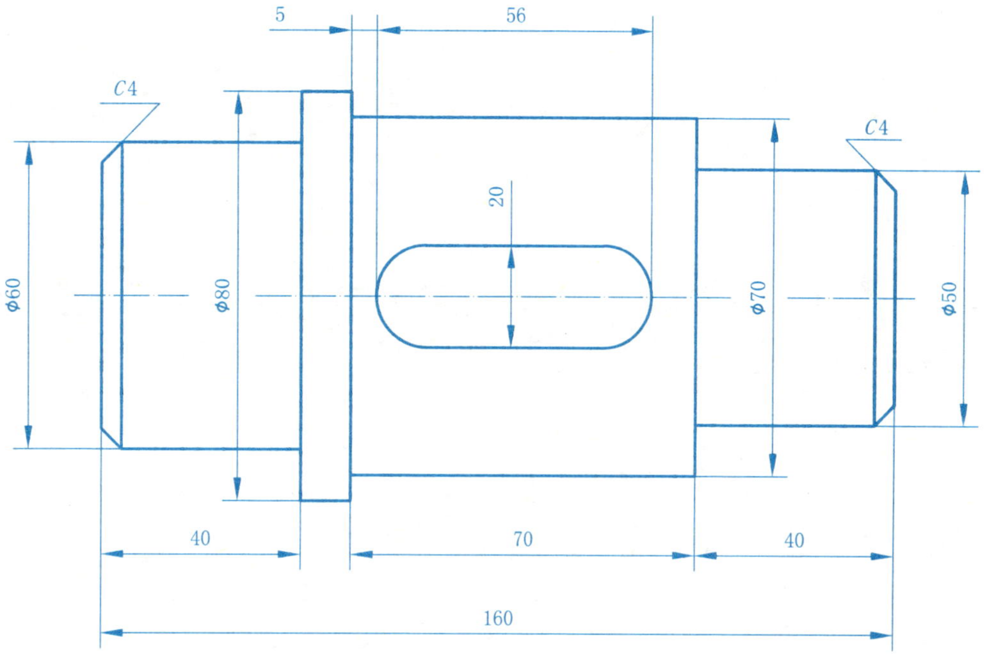

（图 名）			材料		比例	
			数量		图号	
制图	（姓名）	（日期）	（校 名）			
审核	（姓名）	（日期）				

9-22　用AutoCAD绘图，并标注。

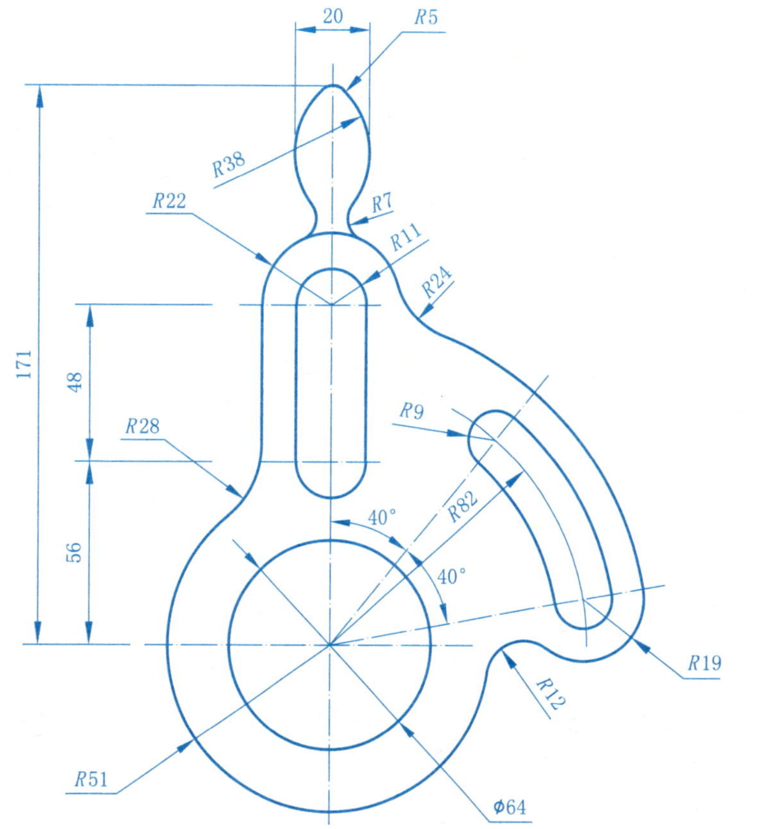

（图　名）			材料		比例	
			数量		图号	
制图	（姓名）	（日期）	（校　名）			
审核	（姓名）	（日期）				

9-23　用AutoCAD绘图，并标注。

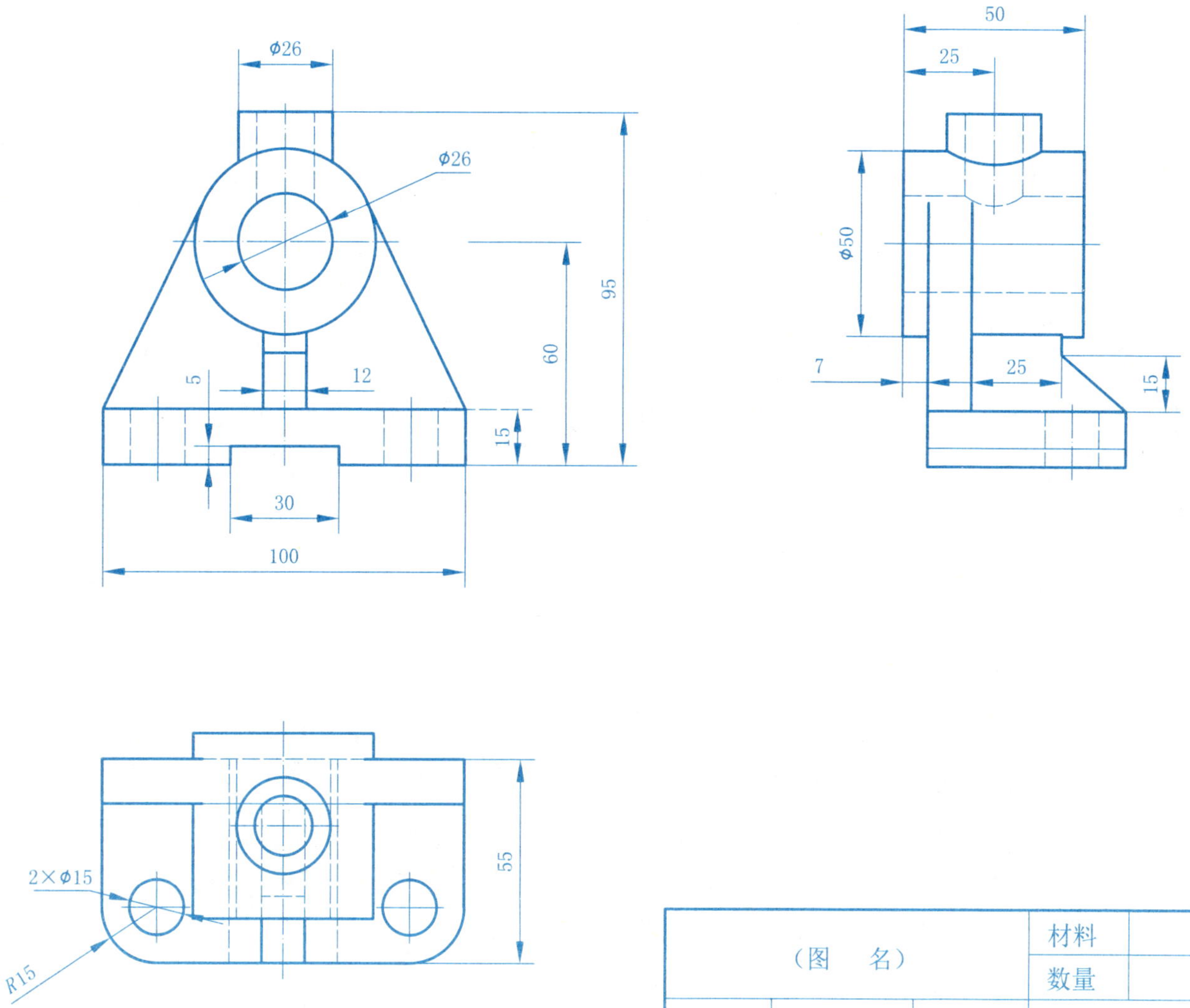

（图　名）			材料		比例	2∶1
			数量		图号	
制图	（姓名）	（日期）	（校　名）			
审核	（姓名）	（日期）				

9-24 用AutoCAD绘图，并标注。

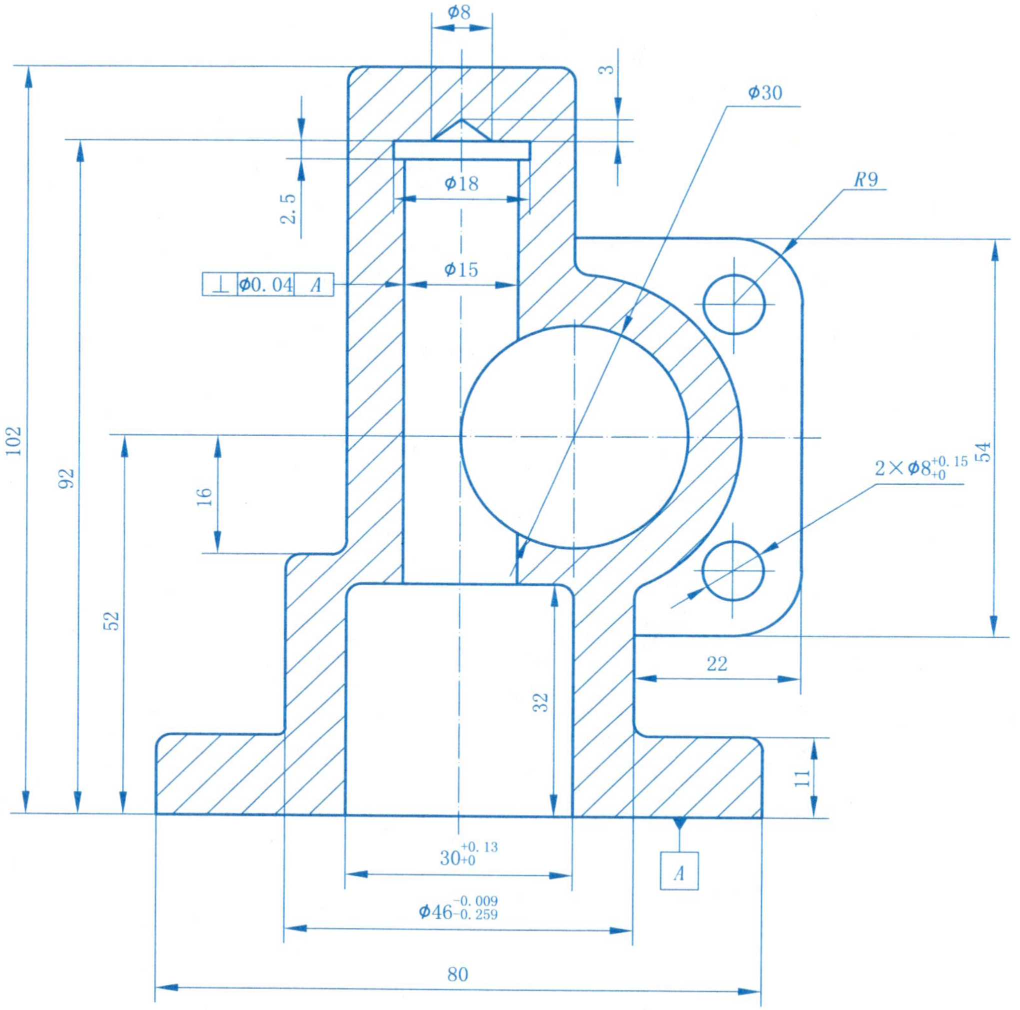

（图　名）			材料		比例	
			数量		图号	
制图	（姓名）	（日期）	（校　名）			
审核	（姓名）	（日期）				